INNOVER AGILE

DENIS LEBUGLE   **VINCENT LAMBERT**

PRÉAMBULE

Innover, pourquoi et comment, tel est le propos de ce livre. Pourquoi écrire à nouveau sur ce sujet tellement abordé et dont on a tant débattu, aussi bien dans le monde des entreprises que dans celui des pouvoirs publics ?

Si innover est un moyen pour les entreprises de renouveler l'offre produits et pour les pouvoirs publics de transformer le contenu de l'économie du pays, la pratique qui s'est répandue mérite d'être ré-interrogée.

Elle consiste à encourager la production d'idées, puis à mettre en oeuvre la manière la plus efficace d'en sélectionner une, qui est développée, pour enfin être mise sur le marché, en utilisant au mieux les moyens de l'entreprise. La pratique en entreprise montre que si cette manière de faire apparaît simple et assez facile à mettre en oeuvre, elle n'est pas assez efficace et ne conduit pas à un optimum, ni du point de vue de l'entreprise, ni du point de vue du marché, ni de celui de ceux qui devraient en bénéficier.

Cinq raisons principales justifient ce constat, articulées autour du fait que si le Nouveau à faire était connu, il serait déjà en place. Admettons que c'est un inconnu à venir.

Rechercher des solutions est inutile, si on ne sait pas clairement à quelles problématiques précises elles doivent répondre.

Rien ne garantit que dans la collection des idées produites le Nouveau soit présent.

Dans le processus de sélection il est difficile, voire impossible, de définir les critères qui permettent de dire qu'une idée est la bonne plutôt qu'une autre. Dans la pratique c'est souvent une autorité, le chef, qui décide que telle idée est celle qu'il faut développer parce qu'elle lui plaît, lui convient, ou est conforme à ce qu'il pense du sujet.

Rien ne dit que l'idée qui a été choisie peut être développée dans le cadre des processus habituels de l'entreprise.

Enfin rien n'assure que le Nouveau produit, objet physique ou service, se vendra à la clientèle réelle ou potentielle de l'entreprise.

Nous écrivons ce livre, pour dire pour quoi innover, quels sont les ressorts fondamentaux qui le justifient et le rendent indispensable pour toute activité humaine et quelles sont les pratiques qui de manière efficace permettent de le faire avec succès.

Nous dégageons une quinzaine d'idées forces autour desquelles nous articulons, à la fois les principes avec lesquels il est utile de raisonner, et les outils spécifiques qui permettent de construire les raisonnements.

Nous montrons enfin comment principes et outils se mettent en oeuvre au travers d'une méthode, pour laquelle nous proposons une pédagogie qui la rende opérationnelle.

INTRODUCTION

Organisme, administration, entreprise, toute activité humaine, individuelle ou collective peut se modéliser comme un système en relation avec son environnement. Lorsque celui-ci change, le système doit changer pour survivre, objectif stratégique a minima.

Faire Nouveau pour un organisme vivant c'est s'adapter aux changements de son environnement. La perception par le système des variations de son environnement lui permet de se le représenter. La confrontation de cette représentation au réel est à la fois objet de la réflexion et sujet de l'action. Il est nécessaire de penser la réflexion comme une action pour pouvoir faire Nouveau, consciemment, efficacement.

Ressentir, réfléchir, représenter, penser, agir, c'est concevoir le Nouveau. Agir, avant de subir, implique pour cette conception de se faire dans l'inconnu, dans l'ignorance des changements potentiels.

Si concevoir dans l'univers du connu se fait selon un processus qu'il est possible de préétablir puis de dérouler, dans l'inconnu il n'est pas possible a priori de mettre en oeuvre un processus. Si pour concevoir le Nouveau aucun processus n'est descriptible au préalable, il est possible d'identifier des catégories d'activités, que l'on peut conduire et enchaîner pour aboutir à la description a posteriori du processus qui a conduit à concevoir le Nouveau, une fois qu'il a été produit.

Agir ouvre le champ des possibles, avancer et converger vers un ensemble optimum d'actions assure la survie d'une manière globale, et dans un laps de temps compatible avec les contraintes exercées par l'environnement.

Agir, en mettant en oeuvre les activités pour :
- Décrire l'univers du Nouveau et s'en imprégner.
- Lui affecter des buts à atteindre.
- Décrire les propriétés idéales du Nouveau à la façon d'un portrait-robot.
- Affecter des éléments concrets à ces propriétés abstraites du Nouveau.
- Questionner la faisabilité de ces éléments concrets en mettant en œuvre ses savoirs.
- Produire les connaissances spécifiques nécessaires au Nouveau.
- Choisir les constituants du Nouveau et les décrire pour pouvoir les réaliser.
- Lister ce qu'il sera utile d'exploiter en vue d'une amélioration.

Avoir affaire à l'inconnu génère chez les hommes angoisse et résistances. Faire conduit celui qui fait à se confronter au réel qui par nature résiste. L'inconnu est une cause majeure de cette résistance : l'inconnu fait peur, terreur ancestrale et profonde que ressent l'individu qui constate que ce qu'il sait faire ne lui est d'aucune utilité, ni pour comprendre, ni pour agir.

Les effets de l'inconnu sur l'homme qui agit, et le rapport entre le Nouveau et la société méritent d'être approfondis du point de vue, non seulement des acteurs comme membres d'un collectif, mais aussi de ceux qui se voyant au sommet de ce collectif aspirent à le diriger en y mettant bon ordre.

Celui qui veut innover doit développer une capacité particulière pour distinguer dans l'indistinct de l'inconnu, ce qu'il peut par analogie rendre accessible à un raisonnement argumenté. Ainsi fait celui qui, dans un ciel de nuages quasi uniforme, voit néanmoins des visages à partir desquels il peut imaginer des personnages, leur inventer une vie, la décrire, les rendre réels en somme et donc perceptibles par d'autres.

Pour aborder l'inconnu nous ne pouvons mettre en oeuvre que les connaissances dont nous disposons, et il nous faut admettre que c'est uniquement avec celles-ci que nous devrons être capables d'en produire de nouvelles, celles dont nous aurons justement besoin pour produire le Nouveau à partir de cet inconnu.

L'homme, en fonction de ses options et de ses comportements, est capable ou non de concevoir le Nouveau pour s'adapter aux changements de son environnement, en surmontant ses angoisses et les résistances qu'il rencontre.

Certes l'homme, confronté aux changements du monde, peut ne rien faire, et cette attitude risque d'être suicidaire. Il peut aussi faire ce qu'il a l'habitude de faire et qui a déjà fonctionné : c'est rassurant mais risque de ne pas être adapté aux changements. Enfin il peut innover. Cette aventure conduit à explorer des espaces inconnus pour produire du Nouveau à partir de cet inconnu qui devient alors connu.

L'homme dont nous parlons est un individu libre. Nous admettons que survivre est un objectif essentiel et vivre mieux une démarche de progrès. Confronter l'homme à l'inconnu, c'est lui donner les moyens de concevoir et de conduire les actions utiles pour innover.

C'est dans le cadre de cette démarche que nous lui proposons des outils dont la mise au point et la pratique ont été testées expérimentalement, en particulier dans le monde de l'entreprise. Nous prenons le parti de l'agilité pour la mettre en oeuvre.

Innover est un processus collectif, dans lequel interviennent des expertises portées par des hommes qui produisent en permanence des connaissances nouvelles, dans leur domaine de spécialité, selon un processus interactif connecté au monde.

Le Nouveau conçu par certains n'a aucune bonne raison d'être perçu comme utile par ceux qui potentiellement pourraient l'utiliser. Il est donc indispensable d'introduire un modèle de valeur pour guider la conception vers le

Nouveau le plus utile et faire en sorte que sa conception produise un optimum.

Parler de valeur c'est inclure comme acteur du processus, l'utilisateur final, dans une démarche de vente par laquelle le vendeur assure la relation entre le client et l'entreprise qui innove. Le client met en balance un manque qu'il espère combler avec une dette qu'il est prêt à contracter, l'entreprise fait une promesse à partir de laquelle elle a une attente, celle du chiffre d'affaires.

La conception du Nouveau induit un rapport au temps puisqu'elle produit à partir de l'inconnu ce qui doit être fait aujourd'hui pour que le Nouveau soit demain.

La conception du Nouveau s'appuie sur des raisonnements et les arguments qui les soutiennent. Il s'agit pour le collectif qui les construit, en confrontant de manière contradictoire des points de vue, des argumentations et des raisonnements étayés, d'être capable de les expliquer et de les vérifier pour les valider.

Si innover c'est concevoir le Nouveau pour s'adapter aux changements du monde, c'est aussi pour les hommes qui le créent un moyen de changer le monde et la société dans laquelle ils vivent.

DU FOND

*Des fondements qui soutiennent la conception du
Nouveau pour innover*

DE L'IMPRÉGNATION

Décrire le monde d'où vient et où va le Nouveau

Le monde change puisqu'il vit !

Nous pouvons penser le monde comme un système en interaction avec son environnement : le monde comme système, l'univers comme son environnement. Même sans la vie, ne serait-ce que par le jeu des mouvements relatifs entre la terre et le soleil, le transfert d'énergie solaire n'est pas homogène à la surface de la terre, induisant des changements de nature thermodynamiques.

La vie, consommatrice de ressources et d'énergie, productrice d'êtres nouveaux et de déchets, accélère le mouvement. L'homme est un acteur formidable du changement du monde, dont il subit les effets. Peut-on imaginer un monde dans lequel rien n'aurait changé pour l'homme depuis son apparition ?

C'est parce que le climat a changé, que l'homme a exploré de nouveaux territoires à la recherche de ressources, qu'il s'est multiplié, a inventé de nouveaux outils et a exploité différemment son environnement pour survivre. Le changement du monde et la production de Nouveau sont indissociables.

Or seul l'homme qui vit peut se demander comment vivre mieux. Il peut observer le monde qui l'entoure à la découverte d'opportunités à explorer.

Et ce faisant il est bien, en tant que système, à l'interface avec son environnement dans une démarche réflexive par laquelle il confronte la représentation qu'il a de la réalité avec la manière dont elle se comporte lorsqu'il agit sur elle.

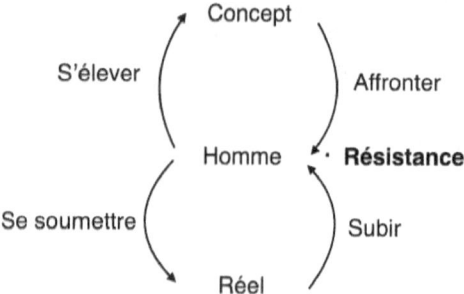

Interface avec le réel, confrontation au réel, exploration du réel et donc du monde sont indissociables de la relation de l'homme au monde et de sa manière de le penser comme nouveau possible. Le monde contient la part d'inconnu d'où sera en partie issu le Nouveau.

Innover implique donc de s'imprégner du monde pour concevoir et produire du Nouveau.

Il ne s'agit pas simplement d'une observation, mais d'un contact suffisamment intime pour découvrir, mesurer, connaître et faire sens, afin d'élaborer le langage spécifique qui permettra d'en parler pour manipuler et partager la représentation ainsi faite.
Dans le cadre de l'Etat il s'agit aussi bien d'Intelligence que de l'appréhension que peut avoir la diplomatie des relations au monde et aux autres états et des représentations du monde des autres états. Il s'agit également du regard que portent les sciences sociales sur les populations, leurs modes de vie, leurs aspirations, leurs croyances, leurs pratiques.

Pour les entreprises, au-delà de l'Intelligence économique, c'est aussi bien la veille concurrentielle qui est à organiser, qu'une observation attentive des conditions du marché, de la disponibilité des matières, technologies et composants et surtout l'observation attentive des clients, de leurs comportements d'achats et de ce qui peut les sous-tendre. Les clients de l'entreprise bien entendu, mais surtout ceux qu'elle n'a pas, qu'elle pourrait avoir ou veut conquérir.

Tous les acteurs de l'entreprise doivent être mis d'une manière ou d'une autre à contribution pour alimenter des schémas d'analyse et des modèles qui permettent de comprendre le monde dans lequel l'entreprise agit et qui soient les supports des réflexions préalables à l'action. Le dirigeant de l'entreprise consacre une part importante de son temps au contact des responsables au plus haut niveau, chez les clients, les concurrents, avec ses pairs, l'administration et les politiques. Il évite ainsi la routine dans l'autosatisfaction et il ne tombe pas dans le piège de l'absence d'humilité qui conduisent souvent à se satisfaire de la médiocrité dans la qualité des produits, des positions commerciales de l'entreprise et de la faible rentabilité de son exploitation. L'organisation commerciale vit au contact du produit, des clients et affronte la concurrence qu'elle doit bien connaître.

Mais cette connaissance peut être superficielle si les spécificités de la chaîne de prescription et la complexité des organisations de distribution ne sont pas prises en compte. Le commercial isolé du client final, au profit de la relation avec celui qui passe commande et qu'il facture, peut ignorer ce qui chez l'utilisateur final pourrait être une source potentielle de Nouveau.

Il est important que chaque entreprise aborde cette activité en tenant compte de ses spécificités et qu'elle imagine elle-même les moyens particuliers qui lui permettent de la mener à bien. Car pour un fabricant d'engins de chantier la chaîne de prescription est différente de celle d'un équipementier automobile et l'accès au client final est également différent selon la stratégie de l'entreprise. Pour le fabricant dont les clients sont des loueurs, les commerciaux n'ont pas la même vision du produit et de son utilisation par le client que les commerciaux d'une entreprise qui vend ses engins à des artisans, ou ceux d'une entreprise qui s'adresse aux chefs de chantiers des grands du BTP.

Plus la chaîne globale est longue et complexe, plus il est nécessaire d'être attentif et de passer du temps avec chacun de ses acteurs potentiels pour se faire une représentation complète de ce à quoi sert le produit pour l'utilisateur final et pour chacun des intermédiaires de la chaîne.

L'expérience montre que les contradictions possibles sont sources de créativité potentielle et de Nouveaux possibles. Qui de l'équipementier automobile ou du constructeur connaît le mieux le comportement de l'utilisateur final du produit dans la voiture ? Le constructeur qui vend à son réseau et n'a qu'une connaissance moyenne statistique et décrite par la fonction marketing, de l'utilisation de la voiture, ou l'équipementier qui travaille de manière spécialisée sur l'équipement en question et son usage par le client ? Si le dirigeant et le commercial semblent être ceux qui sont le plus en contact avec le monde, c'est probablement vrai pour le monde des clients, mais peut-être pas pour celui des technologies et des moyens de production, sans compter que pour de nombreux produits chaque salarié de l'entreprise peut, au titre de client potentiel, avoir un avis sur son utilisation, sa qualité, son prix et tout bonnement sa justification.

Les acteurs du monde de la recherche, de l'innovation, du développement, au sens produit-process-processus, sont en interne et en externe de l'entreprise au contact d'un monde, sous-ensemble du monde en général, qui a ses spécificités et qu'il est également utile de sentir, décrire et modéliser pour être capable de penser les actions que l'on veut y conduire.

Cette veille est permanente et formalisée pour être sûr que les choix technologiques sont pertinents et que l'entreprise a de manière constante, non seulement le souhait de lutter contre l'obsolescence, mais surtout le souci de l'excellence et de la performance : elles sont les garanties du fait que l'entreprise vivra en construisant son futur, mais aussi en garantissant que cette construction est une opportunité de valorisation du travail des hommes et de leur épanouissement dans l'entreprise qui doit absolument rester un des lieux de l'accomplissement de soi.

Les acteurs du système de production de l'entreprise sont également des acteurs du monde auquel ils sont connectés. Leur place et leur rôle dans l'entreprise leur donnent une telle connaissance du produit, de la manière de le produire et de la manière dont il fonctionne, qu'il serait absolument préjudiciable de s'en priver pour penser efficacement l'action.

Il est, de ce point de vue, assez clair que cette activité de conception que constitue l'**imprégnation** est, au-delà d'un moyen de se représenter le monde dans lequel l'entreprise agit, une fantastique opportunité pour mettre chaque membre de l'entreprise, là où il agit et avec les compétences dont il dispose, en position de concepteur. Il est nécessaire de prendre en considération le fait que puisqu'il s'agit d'explorer un territoire inconnu, il est utile de prendre en compte tous les éléments de ce que fait l'entreprise et de comment elle le fait. Ces connaissances sont les outils que savent utiliser les hommes pour commencer à explorer le nouveau territoire, et font partie des processus qui sont à la fois utilisés par la nouveauté et susceptibles d'être modifiés pour la concevoir et la produire ou la reproduire.

Voir la conception de la nouveauté comme une conception produit-process-processus permet dès la conception de prendre en compte et de mener de front tout ce qu'il est nécessaire de faire, dans tous les domaines, pour que l'innovation voie le jour.

S'il semble évident que les processus de conception et de production seront concernés, il faut aussi imaginer que le processus de vente le sera, comme les processus de recrutement et d'achat pour accéder à des connaissances dont l'entreprise ne dispose pas, comme les processus de recherche et de développement pour produire des connaissances nouvelles en interne ou en partenariat avec des laboratoires ou des universités, tout comme les processus d'investissement ou de management.

Être capable d'intégrer des connaissances tout au long du processus, c'est se donner la possibilité d'identifier et de lever tous les risques que l'innovation pourrait faire courir à l'entreprise.
Le but de cette activité d'imprégnation est de faire émerger une description pertinente de l'univers duquel sera issue la nouveauté et dans lequel elle agira.

Pour réaliser cette activité tous les moyens sont bons sous réserve qu'ils soient efficaces et pertinents : de l'entretien individuel à la visite de salons, de la lecture d'études sociologiques, scientifiques ou autres, à l'écoute de conférences thématiques et spécialisées, tout peut être utilisé. Démonter les produits de la concurrence pour les évaluer en détail, rencontrer des partenaires de la chaîne de prescription et les mettre en position de concepteurs en utilisant des outils de créativité, l'essentiel est d'alimenter en informations des schémas d'analyse permettant de construire des représentations et des modèles pertinents et efficaces du monde dans lequel l'entreprise agit ou devra agir.

L'objectif de cette activité est de produire une description du monde d'où vient et où ira la nouveauté.
Tous les acteurs de l'entreprise sont potentiellement producteurs des informations nécessaires à cette description, à condition d'organiser le fonctionnement collectif de cette collecte, de l'analyse et de l'exploitation des résultats.

DE L'INNOVATION

Le Nouveau trouve son marché

De la manière la plus générale, innover c'est introduire de la nouveauté dans les choses établies. Acquérir cette capacité de faire Nouveau, est-ce un but en soi ? Non assurément, il est plus simple, plus facile et moins coûteux de faire ce qui est établi ! Et l'individu qui agit ainsi met en œuvre dans ses activités les savoirs qu'il a acquis.

Il le fait bien et de manière optimale, alors pourquoi changer, pourquoi faire autre chose, autrement ? Il est assez aisé de constater que l'individu est rarement seul, qu'il vit et agit dans un environnement, entouré de ses semblables. Il est aussi aisé de constater que ce monde n'est pas immuable et figé, mais change en permanence et souvent de manière rapide et brutale. Faire Nouveau c'est agir pour s'adapter aux changements du monde.

Savoir pourquoi il faut faire Nouveau ne nous dit pas comment il faut le faire. Nous affirmons que faire Nouveau, c'est transformer ses savoirs en valeur. C'est-à-dire faire avec les connaissances dont nous disposons quelque chose que nous ne connaissons pas au moment où nous le faisons mais dont le résultat aura une pertinence pour construire notre futur.

Nous nommons cette pertinence « valeur » et nous aurons l'occasion d'en décrire un modèle. Concevoir Nouveau, c'est construire quelque chose qui n'existe pas, mais qui produira de la valeur.

En effet nous ne disposons pas de toutes les connaissances dont nous avons besoin, nous disons donc que faire Nouveau c'est concevoir ensemble quelque chose que seul nous ne savons pas faire.

Mais quel rapport entre la nouveauté et l'innovation ?

Pour innover il faut concevoir de la nouveauté mais toute nouveauté n'est pas une innovation. Nous introduisons un certain nombre de spécificités dans la manière de concevoir la nouveauté pour concevoir une innovation. Il est utile d'observer qu'il est suffisant de la décrire pour qu'une chose nouvelle ait une existence. C'est le principe de l'invention.

Dire pour quoi imaginer un dispositif, le décrire, et revendiquer les spécificités qui en font la nouveauté, permet de déposer une demande de brevet. Que le brevet soit délivré ou pas à l'inventeur, ne suffit pas à faire de l'invention une nouveauté qui constituera une innovation.
Car si l'invention est une nouveauté, elle reste une description d'un dispositif dont le fonctionnement est imaginé et reconnu comme théoriquement possible, sans qu'aucune réalité physique n'ait vu le jour pour en vérifier la réalité et l'efficacité.

C'est sa matérialisation qui fait de la chose nouvelle une réalité.

Cette réalité physique permet de « ressentir » les difficultés à faire, de valider et de justifier l'efficacité du dispositif décrit, et d'évaluer les limites de sa performance et de sa réalisation comme, par exemple, les conditions physiques ou économiques de sa fabrication.

Mais cette nouveauté transformée en une réalisation ne suffit pas à dire s'il s'agit d'une innovation ou pas. Une innovation est une nouveauté, que les autres se sont appropriée.

Plus explicitement une innovation est une nouveauté dont les destinataires se sont approprié l'usage, partageant ainsi la valeur créée avec le producteur de la nouveauté.

Pour l'entreprise, une innovation est une nouveauté qui a rencontré son marché !

DE L'INCONNU

Si le nouveau était connu il existerait déjà

Les difficultés spécifiques à la conception de nouveauté sont essentiellement liées au rapport de l'homme à l'inconnu.

Pour les hommes concevoir la nouveauté revient à vouloir explorer un territoire inconnu avec comme seuls outils les connaissances, moyens, et méthodes dont ils disposent et qui ont fait leurs preuves sur un terrain connu : celui des objets qu'ils vendent, conçoivent et fabriquent au quotidien, avec le niveau d'excellence qu'ils ont atteint par leur pratique, leurs efforts et leur intelligence.
Prendre conscience de la difficulté de cette exploration de l'inconnu peut angoisser voire paralyser et conduire à renoncer à l'action.

Ne pas prendre conscience de la difficulté spécifique à l'exploration de cet inconnu c'est devoir constater l'inefficacité de ses actions, après avoir utilisé tous les outils à sa disposition.

Comment ne pas se retrouver coincé entre angoisse et inefficacité ?

L'enjeu est de donner aux concepteurs de nouveauté et aux entreprises dans lesquelles ils agissent, les outils pour accéder à la sérénité et à l'efficacité, dans l'exploration des territoires inconnus dont sont issues leurs innovations. Pour cela il faut préciser l'utilisation des outils et pratiques habituelles du concepteur dans le cadre de la conception d'innovation et préciser ce que sont les attitudes et pratiques spécifiques pour la rendre efficace. Cela nous conduit à la construction de raisonnements partagés.

Examinons en quoi l'inconnu impose au concepteur de revoir l'usage qu'il fait, dans le connu, de ses outils courants.

La démarche naturelle du concepteur efficace qui connaît bien son métier est d'établir avec les interlocuteurs, avec lesquels il travaille, un cahier des charges, constituant en quelque sorte un préalable à son travail de conception. C'est un préalable en terrain connu ! Mais en territoire inconnu, le cahier des charges arrive à la fin, une fois le travail de conception terminé !

Le concepteur, orienté marketing, suggère de partir de l'expression des besoins du client.
Il est utile d'utiliser les connaissances qu'ont les hommes de marketing ou du commerce sur les clients actuels de l'entreprise, le marché, la démarche de vente qu'ils utilisent, mais il est plus efficace de considérer que les clients n'ont pas de besoin ! Nous y reviendrons en parlant du modèle de valeur que nous utilisons.

Le concepteur s'il est designer, prescrit de partir de l'observation des usages. C'est un outil utile à ne pas négliger, pour produire des connaissances sur les clients et les marchés actuels et sur les tendances pressenties de leurs évolutions.

Le concepteur créatif vante la créativité pour produire les idées préalables à l'existence même du processus d'innovation. Nous nous servons de la créativité pour produire des concepts que nous utilisons comme « matériaux » pour concevoir notre innovation, mais pas au début du processus.

Enfin le manager est tenté d'inciter l'équipe de conception à fonctionner en mode projet.
Cet outil efficace en terrain connu ne l'est pas immédiatement pour explorer un territoire inconnu. En effet en terrain connu l'essentiel de l'organigramme des tâches à réaliser pour le projet est quasiment connu ou anticipable au début du projet.

Au début de la conception d'une innovation, le processus de conception et les tâches à réaliser, ne sont pas connus ! Ils ne le seront que graduellement, par le travail d'exploration. Le processus de conception ne peut être complètement décrit qu'à la fin du projet ! Nous verrons ce qu'il est nécessaire de faire et comment le faire pour passer progressivement à un mode projet efficace.

Constatons également que certains dirigeants eux-mêmes sont parfois tentés d'occulter l'inconnu et de faire comme d'habitude, en prenant le pari que les outils dont ils disposent fonctionneront. Ils y sont encouragés par les pouvoirs publics qui favorisent la doxa (opinion reçue comme évidente et qui en la matière, pour l'essentiel, tourne autour de la production d'idées et de leur sélection), qui préside au jugement des projets et à l'attribution des aides.

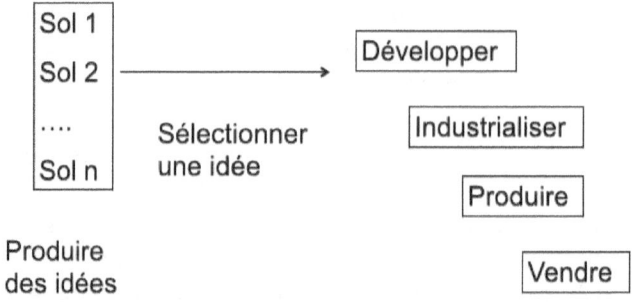

En effet, dans ce cas, le fait de commencer par produire des idées, pour ensuite en sélectionner une qui est développée dans le processus classique de l'entreprise, celui par lequel elle fait ce qu'elle sait faire, implique qu'il n'y a pas de processus de conception de nouveauté. L'idée sélectionnée comme « bonne » existe au début du processus. Il n'y a donc aucune raison pour que cette « idée » soit génératrice d'innovation.

Très souvent, ce pseudo processus est celui qui est expérimenté dans l'entreprise qui veut mettre en place une démarche d'innovation. Cela apparaît efficace, à l'évidence c'est simple, et permet de circonscrire les «activités d'innovation» sans perturber le reste de l'entreprise. C'est même souvent la démarche dont il est fait la promotion.

Il faut que l'entreprise fasse le constat par elle-même que cette pratique n'est pas efficace, ne permet pas de produire les innovations attendues, et ce malgré des dépenses et des efforts certains.

Une fois le constat fait, il est plus facile de passer à autre chose, en particulier en envisageant l'utilisation d'outils qui permettent de générer un vrai processus de conception d'innovation, qui comme nous le savons, ne peut être décrit qu'à la fin.

DU DESSEIN

Intention, objectifs et limites

Le **dessein** est le but, l'objectif à atteindre et nous avons bien montré qu'il s'agit, in fine, de survivre, aussi bien pour les individus, les entreprises ou les sociétés. Cette survie dépend de la capacité du système qui doit l'assurer, à se procurer les ressources nécessaires, en se déplaçant dans un paysage, qui constitue la représentation qu'il se fait de son environnement.

Il ne s'agit pas là de traiter de la stratégie dans sa généralité, mais de préciser ce qu'il est utile de penser et de faire à propos du Faire Nouveau.

En se plaçant du point de vue de l'entreprise, somme toute assez facilement généralisable, il est utile de remarquer qu'une représentation efficace consiste à en analyser les caractéristiques selon trois axes, qui permettent d'en distinguer les spécificités :

- Les savoir-faire de l'entreprise
- Les produits de l'entreprise
- Les clients de l'entreprise

L'expérience montre que ces axes suffisent, dans une première approche globale, à distinguer des entreprises qui semblent presque identiques. Chaque entreprise est unique dans la manière dont elle utilise ses savoirs, et les investissements qu'ils impliquent ou sous-tendent, pour imaginer, concevoir, vendre et fabriquer des produits pour les clients qu'elle sert ou qu'elle veut servir.

Une analyse plus précise et plus fine, telle que celles que suggèrent Michael Porter, le Boston Consulting Group et d'autres, ferait apparaître des subtilités efficaces et utiles sur le plan opérationnel, pour la mise en oeuvre d'une stratégie. L'analyse selon les trois axes cités permet de comprendre et de manier très vite les paramètres essentiels pour penser et agir. En particulier, elle permet de repérer très vite les entreprises pour lesquelles le dirigeant a une représentation stratégique inexistante ou fragile.

Les cas les plus courants sont ceux pour lesquels l'absence de stratégie est masquée par l'expression de celle des clients de l'entreprise que le dirigeant fait sienne, ou ceux pour lesquels le dirigeant exprime de la même manière, même si les mots sont parfois différents, le « métier » de l'entreprise et son produit.

En toute rigueur, le métier est l'exercice d'une activité par une personne. Ce concept de métier prend, même pour les personnes, un sens flou et ambigu car les activités sont devenues très complexes. Disons plutôt que les hommes sont porteurs de connaissances, qu'ils organisent en savoirs, mis en oeuvre avec des compétences pour exercer un métier. Cet enchaînement emboîté est plus à même de permettre une description plus fine et plus précise des métiers réels sans occulter leur complexité. Ce raisonnement fonctionne bien par analogie avec l'entreprise, si on admet qu'il n'est d'entreprise qu'avec des hommes et que les connaissances qu'elles utilisent sont portées par les hommes qui s'y activent. Parler de métier de l'entreprise n'est de ce point de vue pas un contresens. Nous utilisons donc l'expression « métier » dans le cas de l'entreprise, pour décrire son domaine technologique spécifique comme un ensemble de connaissances, savoirs, et compétences qui y sont mis en oeuvre pour vendre, concevoir et fabriquer les produits, qui lui permettent de vivre et de se développer.

Lorsque le dirigeant de l'entreprise répond à la question « quel est votre métier ? », par « je suis emboutisseur » ou « injecteur de matière plastique », il fait bien référence au savoir-faire technologique que son entreprise maîtrise, au travers de la mise en oeuvre par ses collaborateurs des savoirs qu'ils détiennent. Il est donc justifié qu'il exprime ainsi le « métier » de son entreprise, son domaine technologique, de manière concise, synthétique, et somme toute parlante.

À la question « quels sont vos produits ? », la réponse des dirigeants des mêmes entreprises est très fréquemment, voire quasi systématiquement, « des pièces embouties ou des pièces en plastique injecté ».

Et là, se révèle le côté fragile d'une pensée stratégique courte ou absente. Car exprimer son produit de la même manière que son métier, c'est révéler qu'il n'y a pas de différence entre les deux, et que donc au mieux le paysage stratégique de l'entreprise est plat !

En effet lorsqu'on creuse avec ces dirigeants la nature de leur produit, il n'est pas difficile de leur faire admettre que, s'ils livrent effectivement à leurs clients des pièces embouties ou en matière plastique injectée, ces pièces sont en réalité celles que le client a conçues pour ses besoins, et que l'entreprise n'est intervenue que pour fabriquer sur la base des spécifications du client, même si de plus en plus souvent elle est intervenue pour les préciser, en particulier du point de vue technique.

L'entreprise produit donc les pièces du client, qui en tant que telles ne peuvent constituer les produits de l'entreprise puisqu'elle ne les a pas conçus ! Il s'agit classiquement d'une entreprise de sous-traitance, considérée par son dirigeant comme une entreprise technologique. En réalité c'est une entreprise de service qui vend à ses clients la possibilité de réaliser pour eux les pièces dont ils ont besoin, dans des technologies qu'ils ne maîtrisent pas ou pour lesquelles ils n'ont pas les capacités de production suffisantes.

Le dirigeant d'une entreprise de sous-traitance, qui conçoit que son métier est de produire un service, cherche donc naturellement à développer ses relations avec ses clients, en essayant de comprendre dans quels domaines et dans quels métiers technologiques ceux-ci ont besoin de capacités de production.

Il pourra alors proposer de la conception, comme une prestation de service, d'autres métiers technologiques, comme par exemple l'usinage pour un fondeur, ou inversement, l'assemblage, le contrôle qualité, l'emballage et la logistique.

Il s'agit bien là de maîtriser des savoirs, en l'occurrence technologiques, pour proposer des produits de service à des clients du secteur industriel des transports, automobiles ou aéronautiques par exemple.

Il est également possible d'explorer avec le même outil des situations plus complexes en prenant en compte les évolutions sur les trois axes.

Les évolutions technologiques et les savoir-faire associés permettent aussi, au-delà de la réflexion stratégique, de penser et d'élaborer des politiques d'investissement, des politiques de recrutement et de formation, des politiques industrielles, des politiques de recherche, de développement et d'innovation.

Les évolutions des clients dépendent aussi bien de ce qu'ils observent chez leurs propres clients, que des anticipations qu'intègrent leurs politiques de développement produits ou les évolutions de leurs propres savoir-faire.
Les évolutions des produits sont soumises aux influences aussi diverses que variées, du progrès technique à l'air du temps, du marketing à l'innovation.

Ce qui est difficile, c'est de concevoir simultanément des évolutions qui peuvent être majeures sur chacun des axes en question. Ne pas le faire c'est prendre le risque de s'obstiner dans une voie royale qui devient voie de garage, sans avoir mis en place les instruments d'observation et d'expérimentation, qui auraient permis d'apercevoir les évolutions, d'en anticiper les conséquences et donc de préparer les mouvements stratégiques nécessaires à la survie et au développement de l'activité de l'entreprise.

Un exemple presque caricatural concerne le métier de modeleur qui consistait, à partir de dessins en deux dimensions, à produire des objets physiques en trois dimensions, objets utilisés pour présenter des maquettes, pour essayer ou expérimenter des prototypes, ou produire des noyaux de fonderie, par exemple.

Pour la plupart, les entreprises de modelage n'ont pas tiré les conséquences des évolutions qui pourtant étaient visibles. Elles n'ont pas pris conscience que l'utilisation de la CAO allait non seulement transformer la manière de faire les maquettes, prototypes, mais aussi supprimer à terme la nécessité de les faire en permettant, dans beaucoup de cas, l'appréciation des volumes et des formes de manière virtuelle. Elles n'ont quasiment pas vu l'évolution des techniques de fonderie qui avec la CAO allaient totalement changer la manière de faire les noyaux. Elles n'ont pas anticipé la diffusion des moyens de fabrication additive.

Elles n'ont pas senti non plus que ce qui manquait à leurs clients n'était plus seulement la capacité à maîtriser la réalisation de formes physiques en trois dimensions, mais de pouvoir mettre rapidement à disposition des éléments y compris virtuels, au bon niveau de finition, pour permettre de juger de l'opportunité et de la pertinence des formes imaginées.

A contrario, une entreprise dont le dirigeant avait très tôt compris que sa spécialité était l'usinage de grandes formes, vendu comme un service à ses clients de l'automobile, perdure sur le marché et s'est développée auprès de clients de l'aéronautique et du naval.

Cela revient à dire que pour le dirigeant de l'entreprise et ses principaux managers, il est plus important de bien comprendre l'environnement et la problématique auxquels est confrontée l'entreprise, plutôt que d'imaginer ou de copier des solutions.

D'une manière générale il est plus utile de consacrer du temps à bien poser la problématique à son bon niveau de généralité, plutôt que de bondir à la recherche de solutions.

Du point de vue du Faire Nouveau, poser la problématique au bon niveau de généralité est une activité de conception qui s'appelle le dessein.

Elle consiste, à partir des informations qui ont été collectées lors de l'imprégnation, à construire un schéma d'analyse, dont la finesse doit être suffisante, pour à la fois repérer les manques qui constituent des opportunités mais aussi être le support précis, la représentation, à partir de laquelle une réflexion prospective dessine les différentes variantes possibles du chemin, qui mène de la problématique identifiée, à une situation reconnue comme un idéal à atteindre.

Le dessein n'est pas la stratégie en elle-même, mais il consiste en un ensemble d'objectifs, de périmètres et de limites indispensables, pour que les actions conduites dans le cadre du Faire Nouveau concourent à l'avancement de la démarche stratégique : il donne l'orientation au Nouveau qui sera fait. Le dessein est l'activité par laquelle on réfléchit au pourquoi et pour quoi il est nécessaire de faire Nouveau. Cette activité participe donc de fait à la réflexion stratégique de l'entreprise. Elle peut même conduire à l'animer dans sa quasi-totalité lorsqu'il est clair pour le dirigeant que faire Nouveau est un moyen bien identifié pour transformer l'entreprise.

Ce cas ne se rencontre néanmoins qu'assez rarement en pratique. Il s'agit le plus souvent de ré-exprimer une problématique à son plus haut niveau de généralité, pour « accrocher » le besoin affirmé de faire Nouveau à un minimum de réalité stratégique.

Il est illusoire de ne voir le dessein que comme le moyen de donner à une démarche d'innovation, dont le sujet est déjà délimité et bordé, un ensemble d'objectifs, de périmètres et de limites indispensables pour la conduite opérationnelle du processus innovant.

Car si faire Nouveau c'est s'adapter aux changements du monde, cette démarche va systématiquement induire une action sur le monde et donc sur celui qui agit. L'entreprise perçoit les changements du monde, identifie où, pourquoi et comment il faut qu'elle agisse pour s'adapter, mais en agissant effectivement, elle modifie son environnement et donc par conséquent la façon dont celui-ci agit sur elle.

Faire Nouveau n'est donc jamais sans conséquences !

Ne pas penser l'innovation en lien avec la démarche stratégique de l'entreprise c'est ne pas comprendre que, dans son mouvement, le boomerang revient toujours à celui qui l'a envoyé, et que les conséquences de ce retour sont d'autant plus surprenantes qu'elles n'ont pas été anticipées.

DE L'INTELLIGENCE

La carte, le territoire et le chemin à suivre

Comment l'intelligence contribue-t-elle à l'élaboration de la stratégie ? La question est simple en apparence et il convient donc de se méfier !

N'est-il pas paradoxal d'imaginer que la stratégie se « fabrique » alors qu'il est plus souvent admis qu'elle est le produit de la sensibilité et de l'imagination du stratège, être particulier et rare qui préside en général aux destinées d'une communauté ou d'une entreprise ? Et par la nature singulière de ce qu'il est, le stratège n'est-il pas par essence intelligent ?

Or il suffit de côtoyer l'intimité d'un certain nombre d'entreprises et de communautés humaines organisées, pour s'apercevoir rapidement du fait que la stratégie paraît absente même si les dirigeants de ces sociétés tiennent un discours plus ou moins construit qui est sensé en décrire une.

Alors si la stratégie au fond est souvent absente, sa description pourtant présente avec un acteur tenant le rôle du stratège sans en produire les actes, quelle est la nature de ce manque ? Un manque d'intelligence ? Pas celle de l'acteur, bien sûr, mais celle collective de la situation !

Et pourtant parfois aussi les stratèges existent, produisant de vraies stratégies pensées, construites et mises en oeuvre de manière efficace, produisant des résultats remarquables. Rares, mais intelligents, certes !

C'est-à-dire qu'il faut imaginer comment agir pour que l'intelligence ne soit plus celle d'un homme, mais une façon de faire qui permette à un collectif d'observer et de réfléchir sur le monde. Celle-ci détermine ainsi comment orienter les activités pour survivre et se développer, tout en participant à la transformation du monde.

Il s'agit en l'occurrence d'observer le monde pour en retirer ce qui fait sens au regard de l'action d'aujourd'hui, pour en évaluer la pertinence et la pérennité, déterminer ce qui doit être ré-orienté et ré-entrepris pour être plus adapté et plus efficace. Enfin réfléchir et comprendre est nécessaire pour accompagner les changements perçus, latents ou potentiels, ou les provoquer pour en tirer avantage.

Et ce sans négliger les difficultés conceptuelles qui conduisent à décortiquer plusieurs situations qui sont de fait imbriquées :

- ce qu'est l'entreprise aujourd'hui, ce qu'elle fait, sa performance et la pertinence de son activité au regard de la stratégie d'aujourd'hui, issue de la réflexion sur le long terme conduite hier.

- comment elle observe le monde d'aujourd'hui pour vérifier la bonne adéquation de son action, mais aussi et surtout pour se donner les moyens de comprendre et de décider comment agir, pour le futur entrevu, le demain de l'observation d'aujourd'hui.

- et enfin à partir de ces observations et de l'organisation de cette compréhension, proposer les schémas possibles de l'évolution nécessaire de la stratégie.

Cela revient à faire préparer par le collectif les options stratégiques d'une manière construite, et d'une façon telle qu'elles alimenteront la pensée des actions à conduire et ce même en l'absence du stratège. En un mot le « pari » pris est de préférer à un stratège sans stratégie, une stratégie conduite sans stratège !
Et si par bonheur le stratège est présent, la démarche permet d'alimenter et de renforcer sa réflexion tout en faisant partager les tenants et les aboutissants de ses choix stratégiques.

Nous observons également qu'il y a une grande proximité entre les activités décrites synthétiquement et ce que d'aucuns appellent la veille stratégique.

Sans vouloir entrer dans ce débat disons simplement que sur le plan opérationnel les outils sont les mêmes ! Tout système de veille (concurrentielle, technologique, stratégique ou autre) voit son fonctionnement modélisé selon trois cycles distincts et imbriqués :

- Que doit comprendre l'entreprise du monde qu'elle explore ? C'est le bout Collecte - Réflexion - Représentation de la chaîne de l'Intelligence, l'activité principale porte sur la réflexion, l'organisation, la conduite de la collecte et la production d'informations, en lien avec la stratégie.

- Quelles sont les voies d'action de l'entreprise sur le monde pour que puissent s'opérer les changements qu'elle souhaite ? C'est le bout Représentation - Réflexion - Décision de la chaîne de l'Intelligence, l'activité principale porte sur la réflexion, l'organisation, la conduite de l'exploitation des informations et sa validation en liaison avec la stratégie de l'entreprise et ses évolutions possibles.

- Quels sont les sujets concrets à traiter ? Il s'agit de décider, dans un processus construit, validé et justifié, des thématiques et des sujets à explorer puis à traiter.

Avant de tenter un schéma de synthèse précisons le contenu des termes employés :

- Collecter : il s'agit de recueillir des informations dans un processus qui doit en garantir la pertinence et l'exactitude.

- Réfléchir : si les informations collectées ne suscitent aucune réflexion c'est qu'il ne s'agit pas d'informations ! Les informations recueillies nourrissent les experts, qui sont donc individuellement ou collectivement capables de les faire « parler ».

- Représenter : il s'agit du schéma d'analyse qui permet de faire voir et de partager à la fois les informations, ce qu'elles disent et ce que l'on en déduit pour agir.

- Réfléchir : Si le schéma d'analyse est le support de la représentation d'une vision partagée du réel observé et de ce qu'il « évoque » aux experts rassemblés, il ne « dit » rien en soi sur ce qui préside aux actions à conduire, leur opportunité, leur pertinence, l'adéquation aux moyens disponibles et aux capacités du collectif à agir.

- Décider : Il s'agit d'affirmer les choix raisonnés et argumentés, considérés comme des possibles retenus.

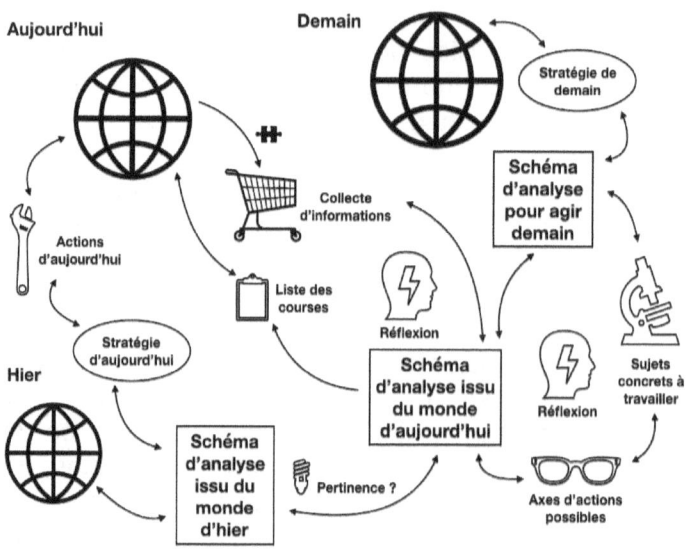

DE L'AUDACE

Oser et faire

L'interdépendance des entreprises et des territoires sur lesquels elles vivent est exacerbée lorsque les changements, auxquels ils sont soumis, imposent aux hommes qui y travaillent et les habitent, d'innover pour assurer leur avenir.

Innover est souvent perçu comme une urgence quand il est trop tard, alors que cela doit être un comportement usuel pour réagir efficacement aux bouleversements. Faire Nouveau apparaît comme vecteur de changements porteurs de risques, source d'inquiétude, alors que face à un monde qui change, c'est l'immobilité qui se révèle être un danger mortel.

Faire Nouveau n'est donc pas pour les entreprises une attitude anodine, car au-delà de l'aspect quasi philosophique, social et politique, se posent pour elles, concrètement, des questions de stratégie, de compétences, de ressources et de moyens, dont la spécificité n'apparaît pas spontanément aux chefs d'entreprises, sauf à être plus sources de problèmes qu'opportunités de solutions.
Il est pertinent pour un territoire soucieux de voir se développer son tissu d'entreprises, en particulier de PME, de soutenir un ensemble de dispositifs lui permettant :

- D'adopter une attitude sereine et positive quant à l'innovation.

- De savoir utiliser les outils qui inspirent une stratégie active.

- De se familiariser à l'utilisation d'une méthodologie efficace pour faire Nouveau.

- De donner accès à des compétences sur la conception et la commercialisation du Nouveau qui sera produit.

- De fédérer les outils d'ingénierie financière pour accompagner et soutenir la démarche d'ingénierie du développement par la nouveauté.

Un tel ensemble permet de faire face à plusieurs enjeux.

Un enjeu sociétal d'abord.

La présence d'une population sur un territoire dépend de la manière dont les individus qui la composent peuvent y exercer les activités, qui leur sont agréables ou nécessaires pour vivre et développer du lien social. Ces activités, économiques ou pas, confrontent l'individu et les entreprises à leur futur, engendrant incertitude et angoisse.

La difficulté à penser le futur et à trouver des ressources sur un territoire sont les principaux facteurs qui poussent les individus ou les populations à se déplacer massivement. Les pouvoirs publics, conscients du besoin de développer les emplois dans les territoires, déploient des politiques et dégagent des moyens, pour inciter les acteurs à penser le futur et à générer des ressources en innovant.

Le pari est fait de la création d'un futur basé sur le Nouveau, plus adapté à l'état de développement de notre société et plus à même de nous permettre de nous différencier par rapport aux économies des pays émergents.
L'enjeu est donc de savoir faire Nouveau sans angoisser les individus, ainsi maîtres de leur avenir et garants de l'efficacité de l'investissement collectif.

Un enjeu économique ensuite.

Qu'elles exercent leurs activités dans une logique de volume (toujours plus, toujours moins cher, toujours plus vite, pour tout le monde) ou dans une logique de valeur (toujours mieux pour chacun), les entreprises se développent en imaginant de nouvelles stratégies, pour développer de nouveaux produits, permettant d'accéder à de nouveaux marchés.

Cette démarche bien ancrée dans la culture managériale est dans les faits difficile à mettre en œuvre, en particulier par les PME, car il apparaît évident au chef d'entreprise :

- Que le futur ne sera pas forcément meilleur que le passé.

- Que ce ne sera pas gratuit.

- Que cela sera un facteur de déstabilisation pour ce qui fonctionne et qu'il s'efforce d'entretenir et d'améliorer.

- Que ce n'est pas facile et qu'il ne sait pas forcément comment faire.

La démarche qui semble naturelle, car elle paraît économe en ressources et rassurante pour les acteurs, est de concevoir les nouveaux produits à partir du connu de l'entreprise et de son tissu de partenaires (fournisseurs, laboratoires, écoles). Elle ne permet cependant pas d'explorer un vaste champ de possibles.

L'enjeu est de concevoir la nouveauté (stratégie, produits, marchés) en explorant méthodologiquement l'inconnu, champ naturel d'expansion de l'activité des hommes, élément essentiel constitutif de leur futur.

Un enjeu individuel enfin.

Le progrès de l'humanité laisse l'homme seul et perplexe devant la complexité du monde et lui fait apparaître comme incertain l'avenir face auquel il doit décider de subir ou d'agir, face auquel il doit se rassurer pour fuir ou affronter l'inconnu.

Subir, se rassurer, c'est se rattacher au passé, au connu protecteur. Dans un environnement concurrentiel l'individu, mis dans une situation angoissante face à l'avenir, cherche à se protéger à la fois en se rattachant au connu et au passé mais aussi en ayant tendance à se méfier et à se protéger voire à se couper de ses semblables.

Agir, affronter, c'est concevoir aujourd'hui la nouveauté qui sera demain l'existence même des hommes et de leurs entreprises, en explorant de manière rassurante l'inconnu. La nature profonde de la conception participe à la construction du collectif et favorise l'individualité de l'expression de l'expertise.

L'enjeu est de permettre à l'homme d'exercer ses talents de manière rassurante en développant ses savoirs, en produisant des connaissances, dans le respect des autres et l'affirmation de ses différences.

Il est possible de proposer une réponse globale qui consiste pour l'entreprise à :

- Oser la conception.

- Oser l'inconnu.

- Oser la nouveauté.

Oser la conception

Si les entreprises se développent souvent à partir du savoir d'un seul homme, le dirigeant fondateur, il vient un moment, souvent lorsque le marché devient difficile, où se pose la question du devenir, de ce que doit faire l'entreprise demain.

Lorsque cette question se pose, il est souvent trop tard !

Car le métier du dirigeant d'entreprise c'est de travailler au quotidien, pour le devenir de l'entreprise, son futur.

L'entreprise met en œuvre des savoir-faire, pour concevoir, fabriquer et vendre des produits à des clients. Sans clients l'entreprise n'existe pas ! C'est bien pourquoi le marchand a précédé l'industrie car a minima il est possible de vendre ce que d'autres font ou ont fait, des services, des surplus agricoles, des objets artisanaux, puis des produits industriels. C'est de cette logique de l'échange que dépend la valeur, par nature nécessairement équivalente pour le client et l'entreprise.

Mais comment lier savoir-faire, produits et clients pour que naisse cette logique de l'échange productrice de valeur ? Il s'agit pour l'entreprise à la fois de comprendre le fondement de la relation avec le client et d'entrer dans une logique de conception de son activité, de conception de valeur.

En effet il y a trois grands types de relations entre l'entreprise et ses clients via ses produits:

- L'entreprise réalise les produits conçus par ses clients.

- L'entreprise conçoit des produits réunis dans un catalogue pour des clients qu'elle ne connaît pas individuellement et qu'elle sert au travers d'un réseau de distribution. Elle conçoit un produit physique ou un service pour un client « moyen » dans une logique de marché.

- L'entreprise conçoit des produits sur mesure pour des clients individuellement connus, avec lesquels elle a une relation proche et souvent de long terme.

Le passage d'un type de relation à l'autre se fait en travaillant sur l'axe de la conception dont la maîtrise va croissant. Il faut noter que plus la part d'incertitude est grande dans la demande du client, plus le champ des possibles est laissé ouvert, et plus la part de conception est potentiellement grande pour l'entreprise.

Il est donc souvent plus intéressant, en terme de gisement de valeur, d'avoir un client qui ne sait pas ce qu'il veut, plutôt qu'un client dont les exigences ont déjà précisément convergé vers une solution unique.

Or celui qui est au contact du client, au moment où cette fenêtre d'opportunité est ouverte, c'est le vendeur. Et c'est effectivement le vendeur qui est le médiateur, créateur de valeur dans la relation entre l'entreprise et ses clients. Sous réserve bien-entendu qu'il ne prétende ni détecter les « besoins » des clients, ni obtenir un « cahier des charges précis » !

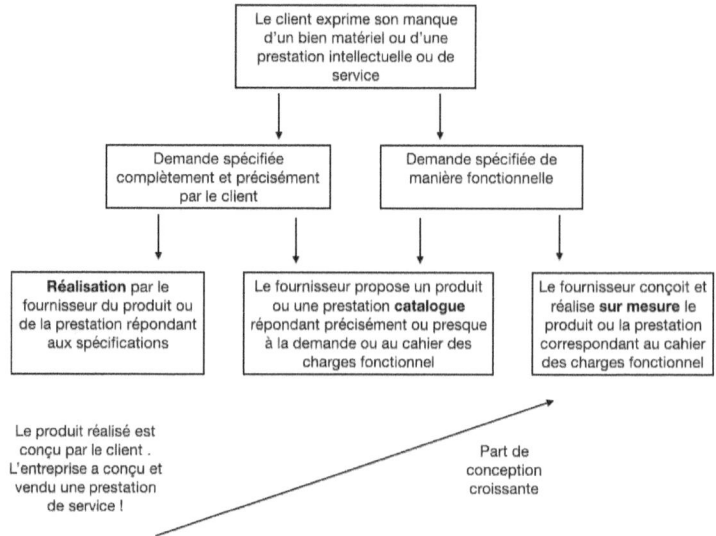

Le vendeur doit avoir une connaissance précise de son rôle dans le schéma qui le met en tête de la chaîne des acteurs de la conception, dans un mécanisme de création de valeur bien compris. Vendre c'est faire reconnaître l'équivalence de la chose et du signe (contrepartie de la chose) lors de l'échange. La valeur est cette reconnaissance de l'équivalence.

Trois acteurs sont en jeu, le producteur, le client et le vendeur.

Le vendeur est un médiateur entre les autres acteurs et il dispose de quatre éléments principaux pour faire son œuvre.
Du côté du client il y a un « manque » auquel se trouve associée une « dette ».
Du côté du producteur il y a une « promesse » à laquelle se trouve associée une « attente ».

Ces éléments sont le prétexte d'un échange en deux circuits fonctionnant en sens inverse, le circuit de la chose (« manque » - « promesse ») et le circuit du signe (« dette » - « attente »).
La vente est réalisée lorsque la valeur est vue, reconnue comme l'équivalence de la chose et du signe dans l'échange.

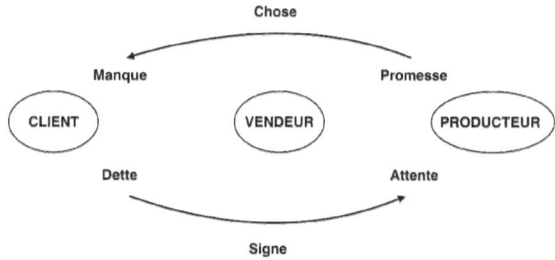

Dans cette démarche l'entreprise intègre une réflexion sur les compétences, savoir-faire et connaissances dont elle dispose et l'accompagnement consiste à les faire réapparaître et à prendre conscience de ce qu'ils sont et de comment ils sont utilisés, consciemment ou non.

Ainsi l'entreprise et ses membres savent où ils sont et vers où ils vont.

Oser l'inconnu

Le connu est potentiellement accessible à tous. Il y a donc déjà des entreprises qui font avec, entreprises dont l'offre est accessible à tous les clients potentiels.
Si copier est possible, et améliorer aussi, la pratique se révèle souvent coûteuse en termes d'investissement et ce d'autant plus si elle dérive vers une stratégie de volume par les prix.
Cela impose de plus de s'insérer dans un ensemble de règles, de pratiques, de normes et d'usages plus difficiles à faire évoluer qu'à subir.

Ne pas subir c'est ouvrir un champ de possibles en explorant avec ses clients des voies qui ne l'ont pas encore été. Le vendeur dans une démarche à forte dominante prospective a donc tendance, s'il a été formé pour ça et s'il y est encouragé par son entreprise, à détecter chez ses clients les manques qui, soit ne sont pas encore comblés, soit ne le sont pas de manière satisfaisante.

Son rôle est de vendre à son client la capacité de l'entreprise à concevoir, pour lui et avec lui, des solutions qui lui sont spécifiques, même si ces solutions ne sont pas encore connues. Le fait qu'elles ne soient pas connues est par là même la garantie d'une différentiation concurrentielle forte, aussi bien pour le client que pour l'entreprise et donc une source de valeur élevée.

Le client adhère d'autant plus à la démarche, qu'acteur de la boucle de conception, il participe à un processus dont l'efficacité et la maîtrise lui sont en permanence apparentes, ce que garantit l'accompagnement.

Oser la nouveauté

Le monde change, le contexte dans lequel sont plongés les hommes et leurs entreprises est chaque jour différent. Il est tentant de répondre aux changements en s'appuyant sur ce que l'entreprise et les hommes savent faire et en se contentant d'une simple amélioration. Ce comportement apparaît à l'évidence comme le plus efficace et le plus rationnel aussi bien sur le plan humain que sur le plan économique.

Lorsque le constat est fait que cette réponse est inadéquate parce qu'elle ne fonctionne pas, il est également tentant d'en chercher la cause dans les comportements des hommes et des organisations, dans les outils et méthodologies, qu'il faut alors améliorer, affiner et compléter.

Et ce jusqu'à l'obstination qui rend aveugle à la perception du fait que malgré ces efforts, ces engagements, ces savoir-faire et ces bonnes volontés, cela ne fonctionne toujours pas.
Obstination qui au-delà de l'aveuglement fait apparaître les efforts comme vains, les dérives inexorables, les

objectifs hors d'atteinte et les situations désespérées, ôtant aux hommes la vision de leur avenir et le sentiment de sa maîtrise.

Si face aux changements du monde, ce que les hommes connaissent ne fonctionne pas, que faire ? Produire des connaissances nouvelles !

Le futur qui en résulte est aussi bien celui des hommes, dont le niveau d'expertise augmente dans le respect mutuel, issu d'une activité commune et partagée, que celui des entreprises, qui abordent avec détermination de nouveaux marchés ou de nouveaux clients et développent de nouveaux produits avec les nouveaux savoir-faire acquis.

Concevoir au quotidien le futur de l'entreprise c'est, en produisant des connaissances nouvelles, oser la nouveauté. Cette production de connaissances nouvelles n'est pas naturelle. Elle intervient lors de la démarche de conception des projets, qui sont issus de la mise en œuvre de la démarche stratégique, et ce d'autant plus sûrement qu'elle est accompagnée.

Dans la pratique il s'agit de mettre en œuvre dans les entreprises concernées :

- La détection des enjeux.

- L'animation d'une réflexion stratégique.

- Le pilotage de la génération de projets de nouveauté.

- L'accompagnement méthodologique de la conception opérationnelle des projets retenus, en apportant les compétences, contacts, partenariats nécessaires et qui ne sont, par nature de la nouveauté, pas présents dans l'entreprise.

- Le pilotage de l'ingénierie financière spécifique à la nouveauté.

Cette démarche permet :

- Au chef d'entreprise, de ne plus être seul pour réfléchir et aborder le futur.

- Au chef d'entreprise, de disposer d'un schéma pensé des actions nécessaires au développement de l'entreprise, schéma révisable et amendable en permanence mais formalisé.

- Aux salariés de l'entreprise, de disposer d'une pratique individuelle et collective garantissant la production des connaissances nécessaires à l'avancement des projets et du respect mutuel de chacun dans ses différences.

- À l'entreprise, d'être capable d'activer en continu un mécanisme qui lui permet de générer et de conduire à leur terme les projets de nouveauté, nécessaires à son développement et à son adaptation aux changements du monde qui l'environne.

- À l'entreprise, de savoir trouver les financements, les compétences et les partenariats pour faire aboutir les projets de nouveauté qu'elle entreprend.

Cette démarche d'accompagnement de la production de nouveauté est nouvelle, au sens où elle s'appuie résolument sur le fait que faire Nouveau impose d'accepter de faire différent, et de produire des connaissances nouvelles, production qui ne peut être que collective et constitue une voie d'amélioration du faire ensemble.

DU PORTRAIT-ROBOT

Un outil pour reconnaître le Nouveau

Une des difficultés principales de l'acte de concevoir est sa dualité, incarnée dans la personne de celui qui conçoit. En effet concevoir est simultanément une double activité, qui consiste à faire naître en soi le conçu pour qu'il existe, puis à l'extirper de soi pour le rendre présent au monde. Chose difficile !! Il suffit pour s'en convaincre d'observer le travail que cela demande à un artiste qui accepte de le rendre public.

Il est difficile d'appréhender ce que fait le concepteur avec son corps et son cerveau pour pouvoir produire « en soi » le conçu auquel il travaille. Nous savons, c'est l'hypothèse faite que nous vérifions expérimentalement, qu'il réalise un certain nombre d'activités dont il maîtrise les enchaînements et dont les résultats des unes sont les données d'entrée des autres.
Nous savons également que la nature collective de la conception ne change rien et rend simplement plus subtil et plus complexe le fonctionnement de l'alchimie qui fait que des éléments, qui se produisent dans le cerveau des uns et des autres, finissent par devenir une production de l'ensemble du collectif. Parmi ces activités, l'imprégnation permet de recueillir de l'information pour décrire le monde dont vient le Nouveau à concevoir et dans lequel il ira en tant que conçu. Le dessein permet de construire un schéma d'analyse dans lequel sont placées les

informations de cette description, pour identifier et mettre dans une perspective stratégique les problématiques perçues. Celles-ci sont les thématiques du travail de conception, qui seront exprimées au plus haut niveau de généralité possible.

Nous pourrions à ce stade nous contenter de nous interroger sur ce que disent ces éléments aux concepteurs, de quoi ils leur parlent pour mettre en route la petite mécanique magique qui doit leur permettre de passer de problématiques maintenant connues, validées et formalisées, à l'espace des solutions, dont on présuppose que c'est le lieu privilégié où s'épanouissent les concepteurs !

Mais nous savons que rien n'est pire que le passage direct du problème à la solution !

C'est comme se retrouver en voiture sur un chemin bordé de murs, à peine plus large que le véhicule, dans lequel on s'est engagé, car cela paraissait être le chemin le plus naturel et le plus facile. Au bout d'un certain temps, le doute saisit le conducteur qui se demande s'il est sur la bonne route, tout en poursuivant son chemin pour le vérifier. L'expérience de cette situation montre qu'en général le sentiment, assez pertinent, que faire marche arrière fera perdre du temps sans garantir l'existence d'un meilleur itinéraire, fait privilégier la décision la plus classique et la plus fréquente de poursuivre son chemin.

Nous avons échappé à la tyrannie de la solution, en prenant le temps de nous préoccuper des problèmes qu'elle doit résoudre, nous devons maintenant éviter de tomber dans l'écueil de la précipitation, qui risque de nous faire privilégier une solution et de nous piéger dans un goulet étroit, duquel nous ne pourrons sortir qu'en allant au bout, coûte que coûte.

N'avoir qu'une solution c'est se condamner à devoir la faire fonctionner !

Avec le dessein nous nous sommes élevés au-dessus d'une simple prise de conscience intuitive, pour construire le référentiel de problématiques pour lesquelles nous voulons concevoir. À partir de là nous devons aller vers quelque chose qui possède le même niveau de construction et de généralité, pour nous garantir une plongée cohérente dans l'espace des solutions.

Le parcours est illustré par le schéma suivant :

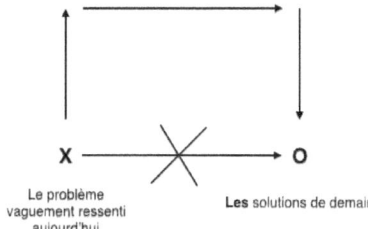

Nous donnons donc au concepteur le moyen de lui garantir qu'il peut produire de manière consistante un ensemble de solutions, qui toutes répondent aux problématiques connues, validées et formalisées.

C'est l'activité du **portrait-robot** qui apporte cette garantie. En quoi consiste-t-elle ?

Imaginons le concepteur comme un inspecteur de police qui est à la recherche d'un suspect dans une enquête criminelle. Par tout un ensemble de moyens, il essaie de cerner qui est son suspect, non pas comme une personne connue, mais comme une personne qu'il doit pouvoir identifier à partir d'éléments, qui sont à sa disposition et qui le décrivent comme idéal. Il s'agit aussi bien de sa personnalité, que de son mode de vie, ses habitudes criminelles, son modus operandi, ses caractéristiques morphologiques et éventuellement un dessin, reconstitué à partir des descriptions faites par des témoins. Il ne connaît pas la personne suspecte mais il dispose d'un « portrait-robot » qui décrit le criminel qu'il recherche.

Nous adoptons la même démarche !

Nous appelons portrait-robot cette activité de conception, qui consiste à décrire les idéalités que doit posséder le Nouveau, que nous sommes en train de concevoir.

Il est indispensable de le faire pour savoir, au moins de manière rationnelle, réfléchie et objective, si une solution imaginée est bien de nature à résoudre la problématique prise en compte, c'est-à-dire si elle possède les idéalités qui permettent de la reconnaître comme solution.

Tous les moyens sont bons pour y arriver !

Et il faut absolument le faire avant de se lancer dans la recherche de solutions, car celle-ci est vaine, si nous n'avons aucun moyen de juger si les solutions produites sont un exemplaire possible du Nouveau en train d'être conçu, c'est-à-dire de répondre aux problématiques identifiées.

Dans la pratique, un outil se révèle d'autant plus utile qu'il est connu dans le monde de la conception. Il s'agit de l'analyse fonctionnelle. L'expérience montre que les concepteurs comprennent très vite l'intérêt de son usage pour réaliser l'activité du portrait-robot.

Son efficacité tient essentiellement au fait que, bien conduite, elle oblige à réfléchir sur ce que doit être le Nouveau attendu, dans l'idéal, au sens des fonctions qu'il doit remplir, des critères de valeurs que doivent remplir ces fonctions et des valeurs que doivent posséder ces critères, et ce indépendamment de toute solution.

Il ne s'agit pas à ce stade de faire une analyse fonctionnelle de détail, du type de celle que les concepteurs sont habitués à faire a posteriori de leur conception, en préambule à une AMDEC (Analyse des Modes de Défaillance de leurs Effets et de leurs Criticités) produit ou process sur les solutions techniques détaillées qu'ils ont imaginées.
Là d'ailleurs est l'origine de la réticence des concepteurs pour l'analyse fonctionnelle !

Il s'agit de faire l'analyse au niveau général nécessaire pour n'oublier aucune fonction, en tout cas aucune de celles qui font que le Nouveau le sera !

La pratique montre que les trois activités, imprégnation, dessein, portrait-robot, sont assez imbriquées et donnent lieu à des boucles qu'il est extrêmement important de laisser entremêlées, même si d'un point de vue extérieur cela ressemble à des retours en arrière et des remises en cause.

Dans les faits, il est rare que l'imprégnation soit faite complètement et formalisée, que la stratégie soit claire, limpide et partagée et que les fonctions du Nouveau soient évidentes à exprimer.

Nous notons également que souvent dans les entreprises ce sont des domaines de compétences et d'actions mal partagés entre la direction générale, le marketing, le commerce, la recherche et développement ou les études. Ils enchaînent leurs activités dans des processus formalisés, supposant des échanges d'informations par paquets bien ficelés, jetés par-dessus le précipice, plutôt que d'interagir pour produire une vision commune et partagée, sur ce qui doit être fait pour survivre dans un environnement incertain et changeant.
Soyons donc précis, nous proposons d'utiliser l'outil méthodologique de l'analyse fonctionnelle comme un moyen de réaliser et de formaliser le portait-robot d'une nouveauté, que par nature nous ne connaissons pas encore.

Nous observons aussi que cet outil, en étant utilisé au niveau de généralité qui correspond au niveau de l'architecture de ce que doit être le Nouveau, permet de ne rien oublier de ce qui est essentiel. C'est même la limite de l'exercice.

Car ce qui n'est pas contenu dans le portrait-robot n'a aucune raison d'apparaître spontanément dans la suite du processus ! Il est donc important d'accorder du temps et du soin à cette activité qui n'est jamais anodine.

Bien conduite, elle a deux avantages : d'une part, elle contient tous les éléments qui permettent une première contractualisation des différentes relations entre les parties prenantes, contractualisation qui évoluera ensuite dans le sens de la précision, sans remise en cause des objectifs, qui sont les fonctions du Nouveau.

D'autre part, dans certains cas elle permet de définir de manière quasi générique l'ensemble des solutions à la problématique posée, indépendamment des technologies et des solutions techniques.

Dans ces cas bien précis le portrait-robot est décrit et formalisé de manière quasi algorithmique et ainsi se trouve protégé au titre des droits d'auteurs. Cette protection est bien plus durable dans le temps que celle accordée par un brevet et elle couvre de manière générique tout un domaine, en décrivant comme une méta solution, et non pas comme un principe, l'ensemble des solutions possibles au problème posé.

DE LA CRÉATIVITÉ

Déconstruire pour reconstruire

« La philosophie est une discipline qui consiste à créer ou à inventer des concepts » disait Gilles Deleuze en ajoutant « Je dirais que le concept, c'est un système de singularités prélevé sur un flux de pensée. »

Sans prétendre philosopher, nous nous attachons à ce qu'il y a de singulier pour faire système dans les flux de pensée qu'induit le travail spécifique à une activité de conception, que nous nommons **créativité**.

Il ne s'agit en aucun cas de produire des idées, préalables à la sélection de l'une d'entre elles comme le « concept » porteur de l'innovation attendue. Globalement il s'agit de produire du « matériel » pour poursuivre notre conception de nouveauté.

Nous avons, lors de l'imprégnation, recueilli des informations que nous avons organisées dans un schéma d'analyse sur lequel nous avons réfléchi, en lien avec la stratégie de l'organisme qui pilote la conception de nouveauté, pour formaliser à leur plus haut degré de généralité, les problématiques sur lesquelles il est essentiel de travailler.

Nous avons ensuite utilisé ces problématiques formalisées, pour définir dans l'idéal les caractéristiques du Nouveau qui sera de nature à les résoudre.

Il nous faut maintenant mettre du concret sur ces idéalités. Nous définissons le « concept » comme ensemble, faisant système, de singuliers spécifiques, donnant une matérialité organique à chacune des idéalités recensées. Le schéma ci dessous illustre les liens entre l'imprégnation, le dessein, le portrait-robot, les concepts et leur contenu.

Le monde : Les engins utilisés sur les chantiers de bâtiments et de travaux publics

Élément de la stratégie : La sécurité de l'opérateur comme élément clé du développement produits/marchés

LA problématique : Comment reprendre le leadership sur un marché particulier en étant le premier à appliquer une nouvelle norme concernant la sécurité ?

Objectifs, périmètres, limites : travailler uniquement autour du poste de conduite, pouvoir équiper les engins en rétro fit, être disponible rapidement

Idéalité 1 : Fonction A : permettre à l'opérateur d'être protégé en cas de ... sans le gêner dans ses manoeuvres ni impacter sa productivité

réalisée par → **Concept X** : détection de la souffrance de l'opérateur

- **Singularité spécifique** : utilisation d'une montre connectée
- **Singularité spécifique** : application de mesure et d'analyse des paramètres physiologiques
- **Singularité spécifique** : algorithme de détermination des seuils devant déclencher l'alerte
- **Singularité spécifique** : prise en compte par les commandes de la machine de l'alerte pour exécuter des mouvements de protection
- **Singularité spécifique** : envoi d'un message automatique aux secours

réalisée par → **Concept Y** : détection de la réduction de l'espace de survie de l'opérateur

- **Singularité spécifique** : capteurs détectant la position de l'opérateur dans son espace de survie
- **Singularité spécifique** : actionneur utilisant le corps de l'opérateur en limite de son espace de survie
- **Singularité spécifique** : logiciel de commande des mouvements de retrait de la machine
- **Singularité spécifique** : déclenchement d'une sirène d'alerte et de l'allumage d'un gyrophare

La conception du Nouveau est par nature immanente au processus. En tant qu'étape du processus, la créativité, comme production de concepts, alimente de manière essentielle mais contingente la suite du processus.

Elle est néanmoins une étape charnière, qui fait le lien entre une phase divergente, dont le but est d'ouvrir le champ des possibles et une phase convergente vers des nouveautés concrètes et matérialisées, en avançant dans un laps de temps fini.

Sans elle, nous ne pouvons aller plus loin, mais elle n'est pas première, car pour être efficace, elle impose de disposer des produits des activités de conception préalables que sont l'imprégnation, le dessein et le portrait-robot. Nous affirmons même qu'il est dangereux pour la démarche de commencer par cette activité, car cela induit dans les esprits des membres du collectif de conception des « fixations » cognitives, dont il est pour eux ensuite difficile de se débarrasser.

Nous devons transformer en concret les abstractions du portrait-robot ! Cela signifie que nous explicitons comment réaliser les fonctions que nous avons décrites dans le portrait-robot. Nous sommes bien dans une logique de conception, les questions pourquoi et pour quoi permettant de remonter au niveau fonctionnel, la question comment permettant d'aller vers l'organique, même s'il s'agit encore à ce stade d'un organique très conceptuel !

Et comme notre portrait-robot comporte une certaine complexité, ce qui justifie le temps et le soin passés pour l'élaborer, et de nombreuses fonctions, disons une vingtaine au maximum, il est probable que les concepts que nous produisons ont un degré de complexité équivalent.

Il s'agit de décrire avec un certain nombre de détails, les éléments qui permettent de faire agir les fonctions, en particulier pour leur réalisation et leurs interactions. Il s'agit bien de singularités, d'éléments choisis et proposés, qui dans l'organisation de leur manière d'interagir, doivent faire système pour réaliser les fonctions décrites dans le portrait-robot. Elles permettent de représenter, sans le connaître dans sa réalité organique, le Nouveau attendu.

Et comme c'est un de ses intérêts principaux, le portrait-robot est indépendant des « solutions » techniques ou organisationnelles qui réalisent les fonctions. Il y a plusieurs concepts possibles, organiquement différents mais fonctionnellement équivalents, permettant de décrire des réalisations possibles du Nouveau souhaité comme homologue au portrait-robot.
C'est donc bien un ensemble de concepts que nous produisons.

Ce point est important car contrairement au fonctionnement de la doxa, pour laquelle il est nécessaire de disposer de plusieurs concepts ou idées pour pouvoir en sélectionner un ou une qui sera développé, nous nous intéressons aux contenus des concepts produits.

En fait l'activité de créativité, au sens où nous la décrivons, s'arrêtera lorsqu'une fois les concepts produits, nous les aurons déconstruits pour constituer des ensembles cohérents de « morceaux », comprenant toutes les occurrences rencontrées des différentes singularités constituantes et organisées en « catégories », et des ensembles de même nature pour toutes les relations qui permettent dans un cas ou dans l'autre de faire système. Nous avons là le « matériel » produit par la créativité, dont nous avons besoin pour alimenter la suite du processus de conception de la nouveauté.

Sur le plan pratique pour qu'il n'y ait pas de contresens sur le but à atteindre, organiser l'activité de créativité peut se faire en utilisant toutes les bonnes méthodes connues et répandues pour cela.

S'il n'y a pas d'ambiguïté dans la tête de l'animateur de cette activité sur les buts à atteindre, la méthode est secondaire et il suffit d'utiliser, soit celles qui sont bien connues dans l'organisme pilote de la conception, soit celles qui sont bien pratiquées par l'animateur ou les membres du collectif de conception.

Nous proposons une manière de faire qui est plus spécifique et probablement moins connue, la valse à quatre temps (voir chapitre du même nom).

Il est à noter que ce processus ne laisse pas de place à la doxa. Il permet de produire plus que de simples concepts. Il fait percevoir les cohérences et homogénéités transversales à l'ensemble des concepts produits et leurs traits caractéristiques. De nouveaux éléments, non présents au départ, mais pertinents au regard du travail fait, peuvent apparaître.

Ces nouveaux éléments ainsi que ceux qui ont participé au processus de leur création, constituent le « matériel » nécessaire pour la suite du travail de conception du Nouveau.

DU MANQUE

La machine à valeur, mécanisme d'échange

Nous abordons maintenant un des éléments qui peut probablement porter le plus à polémique, tant il remet en cause quelques raisonnements qui paraissent bien établis. Il s'agit du besoin, dont il est couramment admis qu'il doit être le moteur des échanges de toutes natures, depuis des temps immémoriaux. Nous trouvons cette notion dans les premières pages d'ouvrages traitant de commerce, de marketing, d'économie ou de politique.

Même recouvert par le concept plus large de demande, il reste actif pour modéliser le moteur essentiel des comportements de ceux qui participent à des échanges, qu'ils soient prospects, clients ou citoyens.

Le modèle de base est assez simple et décrit un fonctionnement binaire où les deux acteurs ont pour l'un, le client, un besoin et pour l'autre, le vendeur, une offre. Le modèle admet que lorsque l'offre approche le besoin, la vente se fait à la satisfaction des deux parties.

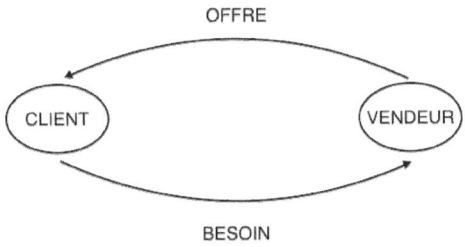

Si ce modèle a le mérite de la simplicité, il a le gros inconvénient de l'inefficacité car il ne permet ni démarche prédictive, ni réflexion prospective, ni pilotage, ni anticipation des comportements pendant l'action.

Le modèle ne dit rien sur les mécanismes par lesquels le client élabore le besoin, ou apprécie l'offre en regard. Il n'aide pas non plus le vendeur à évaluer la nature du besoin, pas plus qu'à faire converger son offre. Enfin le modèle est totalement muet sur l'aspect économique, ce qui n'empêche absolument pas les économistes de l'utiliser, puisqu'ils sauront l'agrémenter d'une notion de valeur, au travers des volumes et des prix.

L'apparition du modèle du désir mimétique de René Girard au début des années 60 donne un moyen vite utilisé par les spécialistes du marketing, pour tenter de corriger le modèle simpliste binaire précédent, en le complexifiant dans un modèle ternaire.

Le besoin n'est plus l'expression directe du client vers le vendeur, il résulte du regard que porte un être, auquel le client attache de l'importance, sur « l'objet » support de l'offre du vendeur. Le client désire l'objet, pour en exprimer in fine le besoin, car il désire ressembler à celui auquel il accorde du crédit, qu'il admire ou désire, et dont il a vu briller le regard face à l'objet.
Ceci explique que de nombreux produits soient mis en vitrine dans le monde du cinéma et de la télévision.

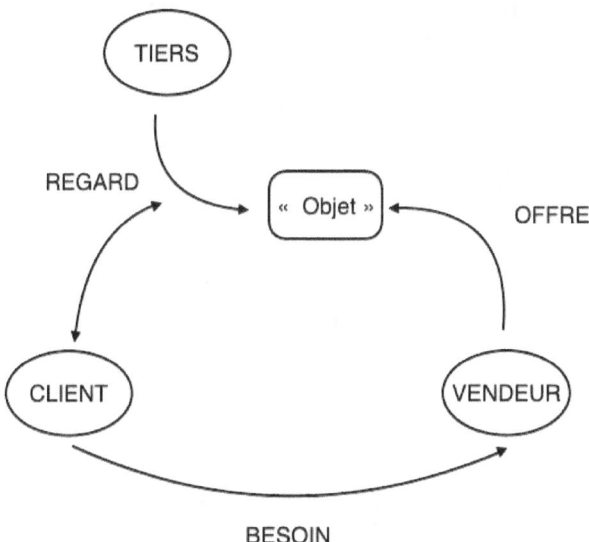

Si le modèle semble plus riche du point de vue en particulier du « fonctionnement » du client, il ne dit toujours rien sur comment le client transforme son « désir » en besoin, ni comment le vendeur peut agir.

Le modèle ne dit rien non plus sur le ou les mécanismes qui lient le besoin et l'offre sur le plan économique, la relation étant encore plus ambiguë que dans le modèle précédent, ce qui explique peut-être d'ailleurs que les économistes ne s'en soient pas emparé.

La notion de désir introduit dans le modèle une composante psychologique, ouvrant certes une porte, mais qui laisse plutôt entrer un flou qui n'aide ni à la compréhension, ni au pilotage, mais plutôt à la manipulation.

Tentons de regarder le besoin de deux autres manières différentes : à la manière des psychologues et psychanalystes d'une part et du point de vue sémantique d'autre part.

Si la chose n'est pas facile à comprendre, nous pouvons tenter de la synthétiser en disant que le besoin est, dans le monde de la psychologie et de la psychanalyse, la manière dont est ressentie par le sujet la réponse d'un individu autre, face à la demande du sujet.
La demande est le prétexte à l'exercice d'un pouvoir par le sujet sur l'autre, qui répond pour satisfaire un « besoin », qui est en fait différent de la demande, et engendre ainsi systématiquement une insatisfaction.

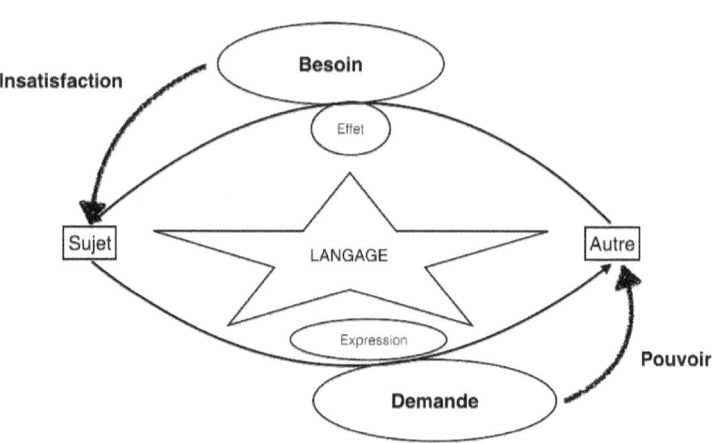

Le langage et les discours qu'il permet de tenir, jouent dans l'échange un rôle majeur. Ce modèle est intéressant car il démystifie le besoin, en éclairant le fait que c'est un effet en retour de l'autre qui ne satisfera pas le sujet, à partir d'une demande exprimée pour asseoir son pouvoir sur l'autre. Le sujet fait une demande qui est comprise par l'autre comme un besoin.

Cela justifie que nous alertions le vendeur sur les dangers d'utiliser le besoin dans une relation d'échange.

Explorons plus avant ce que cachent les mots de désir et de besoin, pour continuer la recherche d'un modèle plus riche, permettant de modéliser le mécanisme de l'échange, sans occulter l'apport de René Girard, ni négliger celui des psychologues et tenir ainsi compte du fait que ce sont bien des hommes qui sont acteurs dans l'échange.

Cela nous conduit à tenter de comprendre les liens entre quatre termes.

Le manque comme absence.

Le besoin, comme situation de manque, comme prise de conscience d'un manque.

Le désir comme :
- aspiration profonde de l'homme vers un objet qui réponde à une attente

- aspiration instinctive de l'être à combler le sentiment d'un manque, d'une incomplétude
- tendance consciente de l'être vers un objet ou un acte déterminé que comble une aspiration profonde de l'âme, du coeur ou de l'esprit.

L'envie comme :
- besoin
- désir

semblant faire le lien entre les notions qui nous intéressent (manque, besoin).

Le schéma illustrant les relations pourrait être celui ci-dessous.

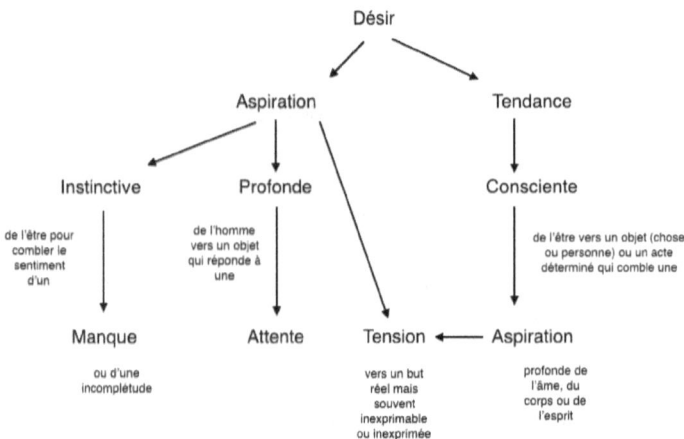

Il montre que la notion de désir est connectée d'une part à celle de manque et d'autre part à celles d'attente et de tension, que nous sommes tentés de considérer comme ayant une composante plus psychologique ou subjective.

Nous représentons maintenant les liens entre les quatre notions qui nous intéressent, pour enrichir notre modèle et le rendre efficace pour la pensée et l'action, aussi bien dans le cadre de la relation commerciale que de la démarche de conception.

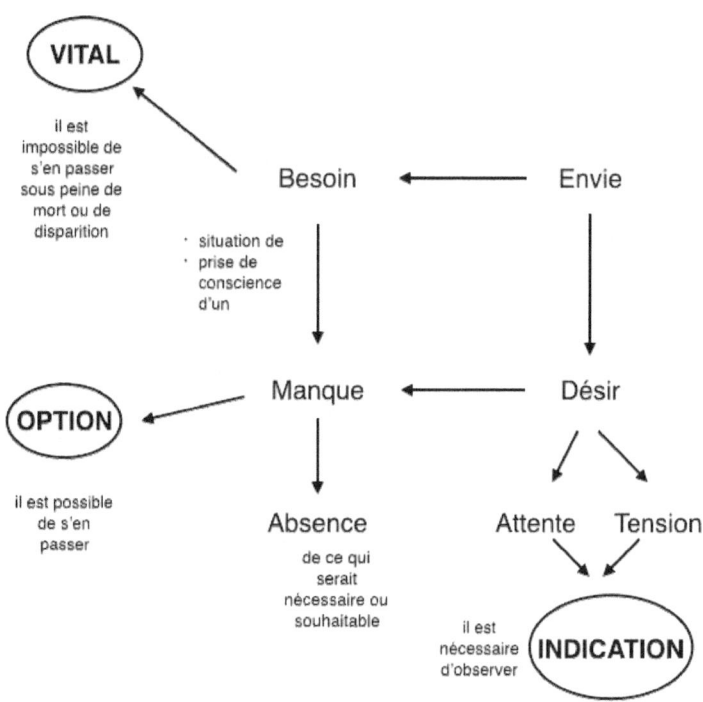

Nous faisons à cette occasion apparaître la notion de valeur.

L'examen du schéma nous montre assez clairement que si l'envie n'est pas utile, ni pour la pensée, ni pour l'action, nous pouvons distinguer trois niveaux qui sont utiles dans la relation d'échange :
- ce qui est vital, et que nous nommons besoin. Et il est clair que la relation est impérieuse.
- ce qui est optionnel, et que nous nommons manque, dont le client peut se passer et dans ce cas, le vendeur doit faire quelque chose pour vendre.
- enfin ce qui doit être observé, ce à quoi le vendeur doit être attentif, ce sont les attentes et les tensions, qui chez le client indiquent qu'il se passe quelque chose sans que ce soit encore, ni précis, ni formalisé, ni clairement conscient ou exprimé.

Nous proposons d'utiliser un modèle de valeur qui prend acte, que dans le cas général, ce qui peut aisément servir au client dans sa démarche d'achat, ou au vendeur dans sa démarche de vente, est la notion de manque.

Nous disons que le manque est l'élément de base, que lorsque ce qui manque est vital nous allons vers un besoin avec le risque de sortir de l'échange, et que lorsque ce manque est accompagné d'attentes et de tensions, le vendeur doit être attentif plutôt à ces attentes et tensions qu'au manque lui-même. Le simple constat d'une absence est pour le vendeur une indication de plus qu'il doit creuser.

Nous disons que la valeur est la reconnaissance par les acteurs de l'équivalence entre la chose et le signe dans l'échange.

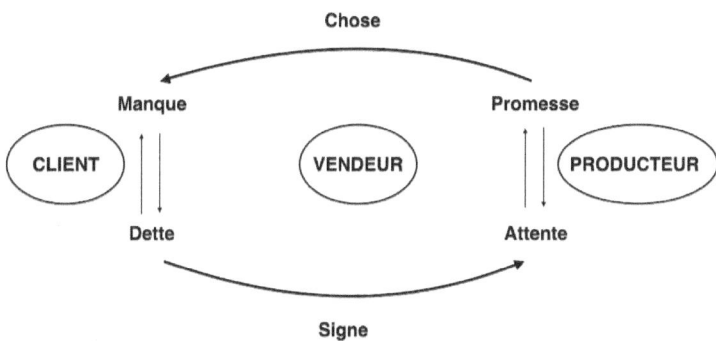

Nous avons défini la valeur d'une manière opérante, dans un modèle de valeur, par lequel, aussi bien le producteur que le vendeur ou le client, savent interpréter le rôle qu'ils jouent dans la scène de la vente et peuvent s'y préparer de manière prospective, en ne négligeant pas l'aspect économique.

Nous sommes passés progressivement d'un modèle binaire à un modèle quadripolaire, plus fin et plus précis, en remplaçant le concept de besoin par celui de manque qui l'englobe. Nous avons introduit le rôle fondamental du vendeur qui est de conduire petit à petit les deux parties à reconnaître l'équivalence de ce qu'ils vont échanger.

Ce modèle introduit d'une manière non ambiguë l'aspect économique.

Maintenant qu'il est possible d'affirmer que le client n'a pas de besoin, nous observons que c'est le producteur qui en a un. En effet ce qu'il attend c'est bien un chiffre d'affaires et une marge qui lui sont indispensables pour vivre.
Nous notons également que la notion de valeur définie est différente de celle prise en compte par les gestionnaires, les comptables et les économistes, qui entendent par valeur, la valeur ajoutée, c'est-à-dire l'écart entre le montant de la marge commerciale et de la production et celui des charges externes.

La valeur au sens où nous l'entendons est beaucoup plus fine pour l'action commerciale ou en conception, car elle inclut l'aspect qualitatif que la promesse doit contenir pour que le vendeur puisse en obtenir le meilleur profit pour l'entreprise, sans pour cela abuser le client.

Enfin nous trouvons dans ce modèle de valeur la justification du rôle du vendeur dans la conception du Nouveau et l'impérieuse nécessité de concevoir simultanément le Nouveau et sa démarche de vente.

DES SAVOIRS À L'OEUVRE

Le connu seul outil à disposition

S'il est possible de dire que faire Nouveau, c'est transformer ses savoirs en valeur et si nous avons déjà décrit le modèle de valeur que nous utilisons, nous n'avons pas encore formellement vu apparaître la connaissance, en tant que telle, dans ce développement.

Sous-jacente de manière globale dans l'imprégnation et le dessein, elle y intervient comme l'ensemble des savoir-faire que l'entreprise maîtrise et avec lesquels elle observe son environnement, formalise ce qu'elle retire de cette observation, imagine et construit sa stratégie.

Il est temps maintenant en déployant l'activité des **savoirs à l'oeuvre** de décrire de manière explicite comment les connaissances, au plus fin de leur utilisation dans l'entreprise, sont incorporées dans le processus de conception du Nouveau.

D'abord prenons le temps de nous intéresser à l'expert, celui qui par nature porte les connaissances et participe à leur mise en oeuvre. Il est souvent considéré comme celui qui sait, et qui, en tant que tel, peut être interrogé autant de fois que ce sera nécessaire et à chaque fois que ce sera utile, sur tous les sujets pour lesquels la prise en compte de ce qu'il sait, est un facteur de réussite ou d'optimisation pour l'entreprise.

Cela conduit en général à deux types de comportements.

Dans un cas l'expert constate qu'il est le seul à s'intéresser à son domaine et que cela lui donne un pouvoir que renforce chaque demande qui lui est faite, en particulier si sa position hiérarchique, son salaire, la reconnaissance qu'il estime être celle qu'il devrait avoir de la part de l'entreprise, ne sont pas au niveau de ses attentes.
Pour les autres membres de l'entreprise, quelle opportunité de ne pas faire l'effort de comprendre et de partager ces connaissances, qui par ailleurs sont si bien portées par un personnage qui au fil du temps aura construit à la fois son aura et ses défenses. Il aura donc acquis la position de celui qui sait, incontestablement, et qu'il est de bon ton de consulter, sur tous les sujets de sa compétence, l'absence de cette consultation ayant été par le passé source d'échecs et de mésaventures désagréables pour l'entreprise.

Nous avons donc un expert refermé sur lui-même, emprisonnant de fait les connaissances qu'il est seul à posséder, pour exercer un pouvoir que personne ne lui conteste.

L'autre cas est celui de l'expert qui ayant accumulé un certain nombre de connaissances sur un sujet, est capable d'en produire de nouvelles, en particulier sur ce qu'il ne connaît pas encore de son domaine. Son efficacité dépend donc de l'énergie et du temps qu'il consacre à cette production. Il a pour cela à coeur de transmettre et de rendre facilement utilisable toute la connaissance qui lui paraît acquise sur le connu de son domaine.

L'activité des savoirs à l'oeuvre est celle qui permet à l'entité conceptrice du Nouveau d'utiliser les connaissances dont elle dispose ou celles auxquelles elle peut avoir accès, connaissances existantes et portant donc sur le connu. Nous touchons là du doigt dans la pratique ce que nous avons déjà évoqué, à savoir que pour faire Nouveau nous ne disposons que de nos connaissances actuelles. Il faut donc les utiliser avec astuce, habileté et intelligence, au mieux pour l'entité conceptrice mais aussi pour ceux qui portent les connaissances qui sont utilisées, puis produites.

Il est important au stade où nous en sommes, de préciser de quelles connaissances nous avons besoin, comment nous faisons travailler ceux qui les portent et enfin comment nous utilisons dans la pratique les connaissances en question.
Puisque nous explorons l'inconnu, nous ne savons pas par nature de quelles connaissances nous avons besoin.

Les connaissances dont l'entreprise dispose sont celles de ceux réputés « savants » les experts en titre, les membres des organisations d'Études, de Méthodes, de Recherche et de Développement.

Mais se limiter à elles c'est méconnaître tous les autres savoirs, souvent non reconnus comme tels, que l'entreprise utilise et qui sont portés par les salariés de la production, du responsable à l'opérateur, de la maintenance ou du commerce par exemple. Ils sont importants car non reconnus comme des savoirs « légitimes », ils ne sont pas formalisés et ne sont accessibles que par une interrogation volontaire ou de manière négative, quand ils permettent de constater l'incurie et le manque de compréhension du « métier » par les « technocrates » et les « chapeaux pointus », qui ont conçu les nouveaux produits ou les moyens pour les fabriquer. Mais ils sont surtout importants car ce sont souvent ceux qui les portent, qui font que les choses conçues sans eux finissent par fonctionner et parfois être performantes.

Au-delà de ces deux premiers cercles de savoirs disponibles, ceux des savoirs « assermentés » et de « l'ombre », il existe un troisième cercle celui des savoirs associés qui sont portés par tous les acteurs en contact avec l'entreprise, en particulier ses fournisseurs, mais aussi les écoles ou les universités auxquelles elle s'adresse pour recruter ses salariés.

Notons que concernant les fournisseurs d'une entreprise, acheter, n'est pas approvisionner au meilleur prix, c'est mettre à la disposition de l'entreprise les connaissances qu'elle n'a pas ou pas en quantité suffisante, dans les meilleures conditions d'accès, y compris sur le plan économique.

Il convient de remarquer qu'en faisant un rapide inventaire des connaissances disponibles dans l'entreprise et chez ses fournisseurs au sens large, nous n'avons pour l'instant fait qu'évoquer les connaissances qu'elle utilise.

Mais il y a aussi, dans un quatrième cercle, celles qui sont disponibles sans qu'elle les utilise encore. Celles par exemple que porte un salarié diplômé dans un domaine et que la carrière a conduit vers une fonction qui n'utilise pas les ressources de sa spécialité, celles dont dispose un fournisseur dans un département ou une usine qui produit autre chose que ce qu'achète l'entreprise, celles qui sont utilisées chez des fournisseurs qui ne sont pas encore partenaires de l'entreprise. Sans oublier les connaissances accumulées dans les laboratoires, universités, écoles, centres techniques avec lesquels l'entreprise n'est pas en contact.

Donc pour concevoir le Nouveau, l'entreprise dispose des connaissances qu'elle utilise au quotidien, mais aussi, potentiellement, de celles de ses fournisseurs et partenaires qu'elle n'utilise pas encore et de celles de toutes les entreprises et organismes avec lesquels elle n'est pas encore en contact !

Le fait de distinguer ces quatre cercles de connaissances nous est aussi utile pour tenter de dessiner une piste, pour répondre à une question souvent non posée, mais au fond lancinante pour l'observateur et le méthodologue, les experts sont-ils vraiment experts ?

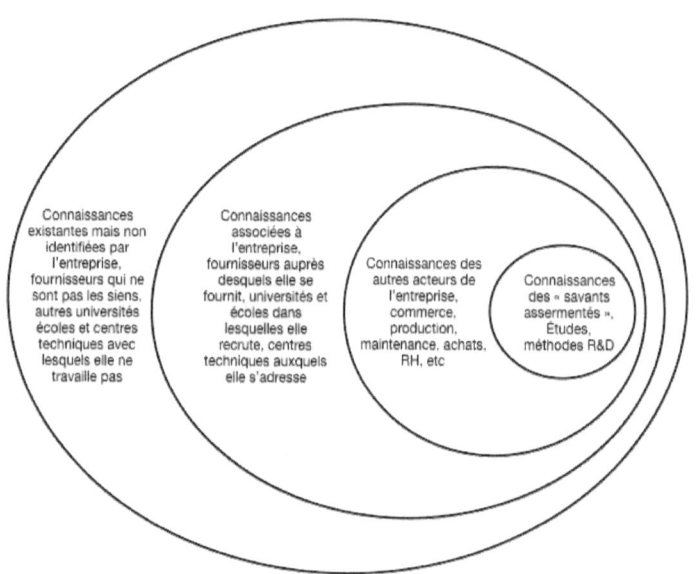

Sans porter de jugement de valeur sur le contenu de l'expertise d'un expert, il est possible de convenir qu'il y a probablement une différence entre l'expert pointu dans une typologie de problèmes au sein d'une entreprise et celui qui en plus enseigne, fait de la recherche, est consultant pour d'autres entreprises y compris à l'international, écrit des livres, est consulté par les tribunaux. Disons que dans un cas nous avons un expert dont le champ est précis, étroit et très centré sur l'entreprise, alors que dans l'autre cas le champ de l'expert est plus large, plus général, plus confronté voire plus scientifique.

Si nous admettons que ce n'est pas en perfectionnant la bougie que l'ampoule électrique a été inventée, il est possible de conclure qu'un spécialiste de l'éclairage est plus utile qu'un spécialiste de la chimie de la stéarine, sans préjuger de la qualité de l'expertise de chacun, mais en ne faisant pas de contresens sur la stratégie de l'entreprise et le dessein de sa démarche d'innovation.

Puisque le choix des experts est un sujet difficile, il faut se donner la possibilité d'être souple, pour ajouter, autant que de besoin et à chaque fois que cela est nécessaire, les expertises complémentaires disponibles, sans remettre en cause l'expertise des spécialistes présents.

La diversité des connaissances disponibles et donc celle des experts qui les portent, justifie que la conception d'une manière générale, mais pour le Nouveau particulièrement, soit une activité collective parce qu'elle implique des acteurs, mais aussi parce qu'elle sous-entend, par nature, la confrontation de points de vue différents et souvent contradictoires.

Rendre productif le choc de ces contradictions, dans une confrontation qui n'oppose pas les hommes, est donc l'enjeu de la manière dont doivent travailler les experts.

Pour cela nous réunissons un collectif de conception, c'est-à-dire un groupe d'experts qui assure la détermination, voire le pilotage de toutes les tâches de

conception qu'il est nécessaire et utile de conduire. Et pour que ce collectif fonctionne bien, il est indispensable d' en animer le travail.
Notons à ce stade qu'il n'y a pas de différence, par principe, entre le collectif qui agit dans l'activité de conception des savoirs à l'oeuvre et celui qui agit dans les autres activités, en particulier celles déjà examinées, l'imprégnation, le dessein, le portrait-robot et la créativité.

Il y a toujours deux possibilités, le choix d'un groupe d'experts permanents qui pilotent chacun dans leurs domaines, le travail de collaborateurs ou d'autres experts sur des sujets particuliers, ou celui d'un groupe dont les membres varient en nombre et en qualité, en fonction des activités de conception.

S'il est certain que le premier choix est plus facile à piloter et permet de constituer une architecture globale avec une colonne vertébrale managériale et humaine bien structurante, il est possible de s'adapter, avec plus ou moins de difficultés, à toutes les formes de management et toutes les spécificités d'organisation.

Mais remarquons que pour l'activité des savoirs à l'oeuvre, les experts sont présents justement parce qu'ils sont porteurs de connaissances particulièrement spécifiques.

Animer ce collectif consiste principalement, de manière volontaire et continue, c'est vrai pour toute la conception du Nouveau mais là particulièrement, à provoquer les désaccords et la contradiction pour en nourrir le travail du groupe et faire progresser non seulement le travail collectif, mais également, et c'est un enjeu majeur souvent caché, chaque expert individuellement et personnellement.

Explorant l'inconnu, nous ne sommes pas, lorsque nous concevons le Nouveau, dans le domaine de la vérité avec son corollaire de la ou des croyances, mais dans le domaine de l'efficacité appuyée sur des raisonnements. Le jeu est, et nous verrons comment, de produire sur les points de vue émis, des raisonnements coconstruits et partagés par le groupe, raisonnements étayés par des arguments dont la validité peut être démontrée et donc ainsi partagée.

Ce point est absolument essentiel, car c'est le jeu auquel vont se prendre petit à petit les participants au collectif de conception, consistant à mettre sur la table ce que chacun sait, pour le confronter au savoir des autres et enrichir le savoir des autres et le sien propre.

Petit à petit le challenge n'est plus de démontrer et défendre ce que l'on sait, mais en le faisant comprendre aux autres et en comprenant celui des autres, de produire, construire en commun un savoir partagé, ce qui est nécessaire pour éclairer de manière utile le sujet dont on parle, le Nouveau en train de se concevoir.

C'est ce processus, provocation de la contradiction, confrontation des points de vues, opposition des arguments, discussion et confrontation, coconstruction des raisonnements, validation des arguments qui les supportent, qui est productif du point de vue de la qualité de la conception en cours. Mais surtout, il renforce le collectif, dans sa cohésion, dans sa confiance en lui et sa capacité collective à « produire » et dans la progression personnelle de chacun de ses membres.

Nous insistons bien sur le fait que construire ensemble des raisonnements partagés et les étayer par des arguments n'est pas pour le collectif d'experts réunis l'occasion de produire un consensus entre eux ou de trouver des compromis. C'est exactement le contraire, chacun développe ses raisonnements, apporte des arguments à l'appui, qui sont débattus, soit reconnus comme valides, soit rejetés. De cette confrontation et de ces échanges doit sortir un raisonnement coconstruit et partagé par tous.

Le but n'est donc pas de convaincre l'autre de la justesse de sa propre position, mais d'échanger des arguments sur la validité desquels le débat peut porter, pour soustendre le raisonnement construit ensemble.

Nous avons réuni les experts, nous savons comment les faire travailler, il nous reste à décrire ce que nous allons faire ensemble.

L'activité de conception dite des savoirs à l'oeuvre a pour objectif de produire des questions en utilisant les morceaux que nous avons obtenus comme « matériel » à l'issue de l'activité de créativité en cassant les concepts produits. Ces questions sont le résultat de la rencontre de ces morceaux avec la connaissance des experts réunis.

Il s'agit de soumettre chaque morceau issu de la « fragmentation » des concepts produits pendant l'activité de créativité, à la sagacité du collège d'experts réunis, pour qu'ils expriment directement ou après débats ce que chacun de ces morceaux leur évoque au titre de leur expertise et de leur expérience.
Ce questionnement est le plus large et le plus exhaustif possible, car il permet de traiter ce que nous pourrions définir comme une thématique générale, les faisabilités.

Il ne s'agit pas à ce stade de porter un jugement sur chaque morceau mais de faire la liste de tout ce qu'il évoque, ce qu'il faut faire, prendre en compte, penser, évaluer, chercher, réaliser pour que ce morceau soit utilisable dans de bonnes conditions : des conditions de performances économiques ou industrielles, de sécurité, de mise en oeuvre technique et industrielle, d'atteinte des objectifs de performance et de qualité pour le client et de tout autre sujet de même nature.

Si nous cherchons à nous poser toutes ces questions, c'est qu'ensuite nous devons répondre à toutes, méthodiquement, scrupuleusement, sérieusement et être conscients que ces réponses sont déterminantes quant aux conditions de l'utilisation potentielle de chaque morceau. Déterminantes au sens où, une absence de réponse laissera l'utilisation sans maîtrise du morceau en question provoquer des conséquences qui n'auront pas été anticipées, et dont les effets indésirables n'auront été ni évalués, ni réfléchis, ni combattus.

Il suffit au pilote de la conception du Nouveau de faire la liste des questions auxquelles il n'a pas été répondu, pour savoir, sur les morceaux qu'elles concernent et sous réserve qu'ils soient utilisés dans le Nouveau produit, quels sont les sujets avec lesquels il sera « ennuyé » dans la suite du processus.

Pires sont les questions qui n'auront pas été posées, car elles n'auront par nature pas trouvé de réponse !

Cette activité itérative permet de disposer d'une collection de morceaux pour lesquels deux types d'informations sont disponibles :
- Des données connues, directement intégrables pour une prise de décision (efficacité, prix, conditions de faisabilité technique, industrielle ou commerciale, intérêts, avantages, inconvénients …).
- Des sujets sur lesquels planent des incertitudes, qui en soi constituent des risques, si un travail préalable n'est pas fait avant l'utilisation potentielle des morceaux qu'ils concernent.

Cela revient à dire que le travail des savoirs à l'oeuvre, lors de cette activité de conception, a produit non seulement des questions mais également pour certaines d'entre elles des réponses. Il a également permis d'identifier des sujets et des thématiques pour lesquelles des questions sont posées et pour lesquelles aucune réponse n'est disponible.

Nous disposons donc maintenant :

- de morceaux dont nous connaissons les conditions d'utilisation potentielle directe. Nous savons que ça fonctionne.

- de morceaux dont l'utilisation potentielle est permise, par la prise en compte de sujets pour lesquels nous connaissons les réponses ou ce qu'il faut faire pour les obtenir. Nous savons ce qu'il faut faire pour s'assurer que ça fonctionnera.

- de morceaux dont l'utilisation potentielle est liée à des questions qui ont été posées mais dont les réponses ne sont pas disponibles. Nous ne savons pas si cela fonctionnera.

Nous pouvons maintenant apprécier l'importance de l'activité des savoirs à l'oeuvre et la nature délicate de sa mise en place. Nous ne disposons que de nos connaissances, celles que nous avons et celles auxquelles nous savons nous donner accès pour les rendre disponibles. Ces connaissances nous servent à nous poser des questions.

Nous ne savons pas si elles sont suffisantes, prenons donc sans hésiter du temps pour poser beaucoup plus de questions que le strict minimum nécessaire, qui par contre ne sera connu qu'à posteriori. Il faut répondre à toutes les questions. Ainsi nous saurons si l'utilisation des morceaux qu'elles concernent est possible dans le futur.

Nous sommes dans l'inconnu, mais un inconnu éclairé par le questionnement, nous savons que des questions se posent dont les réponses conditionnent la possibilité d'utilisation du morceau, sans que nous n'en connaissions le contenu. Le choix n'est à ce stade pas possible, sauf à accepter d'emblée de prendre un risque dont les tenants, les aboutissants et les conséquences ne sont ni connus, ni évalués.

DE LA GÉNÉRATION DES SAVOIRS

Produire les connaissances inexistantes

Nous avons observé le monde et décrit le lieu dont le Nouveau est issu ainsi que l'environnement qui sera le sien lorsqu'il sera advenu.

Nous avons réfléchi et formalisé à son plus haut degré de généralité la problématique que nous voulons travailler et nous avons posé un ensemble d'objectifs, de périmètres et de limites.

Nous avons décrit les idéalités que devait posséder le Nouveau attendu pour qu'il réponde à la problématique posée de manière adéquate et pertinente.

Nous avons produit des concepts pour mettre du singulier, qui fasse concrètement système sur ces idéalités et avons fragmenté ces concepts en morceaux, constituant le « matériel » nécessaire à la poursuite du processus.

Nous avons soumis ces morceaux à la sagacité des experts réunis comme porteurs des connaissances disponibles et utiles, pour produire une liste de questions et de leurs éventuelles réponses.

L'essentiel est donc maintenant de répondre aux questions que nous avons su poser mais auxquelles les connaissances réunies et mises à l'oeuvre n'ont pas permis de répondre.

Nous abordons là le thème qui caractérise spécifiquement la conception du Nouveau, la production de connaissances.
Il s'agit en effet bien d'explorer l'inconnu !

Si le processus que nous avons mis en oeuvre ne nous avait pas conduit à admettre que nous ne savons pas répondre à un certain nombre de questions, alors nous serions totalement dans le connu.

Devoir répondre à des questions dont les réponses sont inconnues est bien le signe concret que nous explorons l'inconnu. Ce fait pourrait même être utilisé comme indicateur du degré d'inconnu que le processus explore, ou comme mesure pour quantifier le degré d'écart entre le Nouveau en train d'être conçu et la situation connue qui lui sert de point de départ.

Il est utile de constater que plus les experts sont humbles devant leurs savoirs et plus la culture de l'entité conceptrice accepte le « je ne sais pas », plus il est aisé pour le collectif de conception de faire apparaître ces questions dont les réponses ne sont pas connues.

Avant de décrire comment il faut procéder pour répondre à ces questions, commençons par examiner la nature des connaissances qui doivent être utilisées pour y répondre.

Le sujet peut paraître paradoxal car il pourrait sembler suffisant de dire que si les réponses n'existent pas, c'est que les connaissances qui permettent de répondre n'existent pas. Si au fond ce n'est pas faux, la réalité est néanmoins plus nuancée. Il faut dans la pratique distinguer trois situations.

Celles où l'entreprise et son tissu d'expertises associées ne savent pas :

- Celle dans laquelle l'entreprise se trouve dans une situation qu'elle n'a jamais rencontrée et pour laquelle, bien que la connaissance soit disponible, elle n'a jamais été utilisée, dans le cas d'espèce, pour savoir apporter une réponse à une question qui n'en a pas, tout simplement parce qu'elle n'a jamais été posée.

- Celle dans laquelle l'entreprise « ne sait pas » qu'il existe quelque chose d'analogue dans un autre domaine ailleurs dans le monde, et dont la connaissance, moyennant un peu de travail, pourrait être utilisée directement, indirectement, ou en association avec d'autres connaissances dans d'autres domaines.

Enfin la troisième situation est celle où la connaissance n'existe nulle part dans le monde.

Dans tous les cas de figures, construire collectivement des plans d'actions, permet de répondre aux questions sans réponses. Observons que cela revient à concevoir du Nouveau. Il est donc utile de noter que tout ce que nous avons déjà dit sur la conception du Nouveau s'applique strictement à la conception des plans d'actions.

Approfondissons chaque situation.

Le cas le plus simple est celui où les réponses manquent parce que le cas d'application des connaissances disponibles n'a jamais été rencontré dans l'étendue du périmètre de l'entreprise.

L'entreprise ne sait pas mais elle dispose des connaissances nécessaires pour construire et conduire le plan d'action qui permettra de répondre à la question.

L'entreprise ne sait pas, car elle ne connaît pas la réponse, mais elle sait ce qu'il est nécessaire de faire pour répondre. Il lui suffit de le concevoir, de le formaliser et de le faire.

Nous observons là que nous sommes passés d'un niveau d'inconnu à un niveau de connu, qui permet à l'entreprise de reconnecter ce petit morceau du processus, la conduite du plan d'action spécifique pour obtenir une réponse à une question apparue dans le cadre de la conception du Nouveau, aux processus globaux existant dans l'entreprise.
Cette reconnexion permet aussi de retrouver le management en mode projet qui dans ce cas est légitime et efficace, puisque l'entreprise sait ce qu'elle a à faire, dans le cadre de la conduite de ce plan d'action.

Examinons maintenant la situation où l'entreprise ne dispose pas des connaissances nécessaires.

Faisons tout d'abord l'hypothèse, car c'est la plus efficace, que des connaissances utilisables existent ailleurs dans le monde, y compris dans d'autres domaines et qu'éventuellement combinées à d'autres connaissances elles peuvent être utilisées.

Il s'agit donc essentiellement en raisonnant par analogie, de trouver d'autres domaines connexes où des problématiques de nature similaire sont susceptibles d'induire les mêmes questions et où, disposant des connaissances nécessaires, l'on sait y répondre.

Ce faisant les experts porteurs des connaissances nécessaires peuvent être identifiés et donc contactés pour être associés à la construction des plans d'actions.

Si cela paraît plus facile à dire qu'à faire, dans la réalité il suffit d'appliquer les outils décrits pour concevoir le Nouveau, à la construction du plan d'action, pour vite découvrir que cela fonctionne particulièrement bien et sans efforts surhumains, sous réserve d'y consacrer un peu de temps et d'énergie.

Sans vouloir redire ce qui a déjà été dit précédemment, il est clair que, par exemple, l'expression du dessein du plan d'action, à son plus haut degré de généralité, est un bon moyen pour pouvoir redescendre sur un champ élargi de domaines, de problématiques et de porteurs de connaissances possibles.

Pour construire un plan d'action pour répondre à la question « est-il possible de sécher X dans telles et telles conditions ? », il n'est pas très efficace de se dire que c'est un problème de séchage.

Par contre poser le débat comme la présence simultanée d'une situation d'échange d'énergie et de changement de phase dans une configuration physico-chimique et matérielle inhomogène et anisotrope, aide à ouvrir largement, et sans avoir peur de devoir affronter une complexité plus grande, le domaine et l'accès à des champs d'entreprises, de problématiques et de connaissances techniques et scientifiques bien plus vastes.

Il nous reste enfin le cas défavorable où les connaissances nécessaires pour répondre aux questions sans réponses ne sont disponibles nulle part dans le monde, tout simplement parce qu'elles n'ont été produites par personne.

Il s'agit là de sujets qui relèvent strictement de la recherche, activité dont par nature le but est de produire des connaissances nouvelles.

Avant d'entériner ce constat et de décider de lancer un programme de recherche ou une collaboration avec un laboratoire ou une université, il convient d'explorer très sérieusement et très méticuleusement le monde de la recherche. Et ce pour être bien sûr que les connaissances dont nous avons besoin ne dorment pas sur les étagères d'une bibliothèque, sous le coude d'un chercheur qui ne les a pas jugées utiles pour lui et ne les a pas publiées, ou dans la tête d'un universitaire qui les a mises de côté pour plus tard !

Et si nous décidons néanmoins d'engager un programme de recherche, nous savons que nous pouvons aussi le construire avec les outils que nous connaissons pour concevoir le Nouveau.

Répondre aux questions pour lesquelles nous n'avions pas de réponses, nous conduit donc à concevoir, construire et conduire des plans d'actions. Ces derniers utilisent soit les connaissances disponibles dans l'entreprise étendue, soit existantes ailleurs dans le monde et dans d'autres domaines, soit devant encore être produites car totalement inexistantes.

Ces plans d'actions mettent en oeuvre potentiellement les outils que nous avons déjà décrits pour concevoir le Nouveau. Ils reconnectent ponctuellement le processus de conception du Nouveau aux processus généraux de l'entreprise, études et méthodes lorsque les connaissances sont disponibles, achats lorsqu'elles sont ailleurs, recherche lorsqu'elles ne sont pas disponibles.

Le pilotage de la réalisation de ces plans d'action, et c'est un des effets de la reconnexion, se fait efficacement au travers du management de chacune des entités opérationnelles concernées et du mode de management par projet de l'entreprise.

Enfin il est clair également, que les horizons temporels de la disponibilité des réponses aux questions qui n'en avaient pas, n'est pas la même dans chacun des trois cas :
- court-moyen terme lorsque les connaissances sont disponibles.
- moyen-long terme lorsqu'elles sont ailleurs et dans d'autres domaines.
- long terme lorsque les connaissances sont produites dans le cadre d'un programme de recherche.

Cela indique clairement les limites des horizons temporels dans lesquels sont utilisables les morceaux de concepts, au sujet desquels les questions sans réponses ont été posées. C'est la temporalité de la disponibilité des réponses qui donne la temporalité de la potentialité de la décision de leur utilisation.

C'est donc bien à partir de cette activité dite de **génération des savoirs** que peut être établie une planification de la possibilité des décisions d'utilisation, et donc de la disponibilité physique des composants, et des ensembles les utilisant, dans les Nouveaux imaginés.

Là se raccorde une fois encore le processus de conception du Nouveau avec les démarches de conception produit-process-processus des nouveaux produits de l'entreprise conceptrice, le calendrier, les actions de leur lancement et de leur mise sur le marché.

A l'issue de l'activité de génération des savoirs nous disposons des réponses aux questions qui nous permettent, progressivement au moment de leur disponibilité, de faire évoluer le tri en catégories de l'utilisation potentielle des morceaux de concepts que nous avons initié à la fin de l'activité des savoirs à l'oeuvre.

Avant d'aborder la question spécifique du risque et comment ensuite nous utiliserons les morceaux issus de notre travail, tentons un schéma pour résumer :

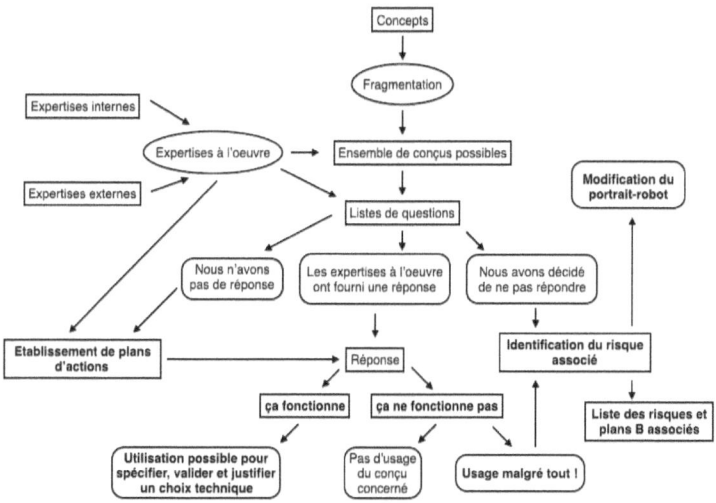

Ne sont utilisables directement que les morceaux pour lesquels les réponses à toutes les questions posées indiquent qu'ils fonctionnent dans les utilisations envisagées et précisent les conditions spécifiques de leur mise en oeuvre et de leur réalisation.

C'est en cela, et à partir du moment où les démarches amènent à poser les questions, à y répondre et à élaborer et conduire les plans d'actions qui permettent d'y répondre, que nous pouvons parler d'une conception validée et justifiée.

Validée car il a été vérifié que « ça marche », justifiée parce que l'on sait dire pourquoi et comment « ça marche ».

Ces deux points sont extrêmement importants pour que la conception du Nouveau soit partie intégrante du processus de conception de l'entreprise, dans une démarche qualité maîtrisée telle qu'illustrée dans son principe par le schéma suivant.

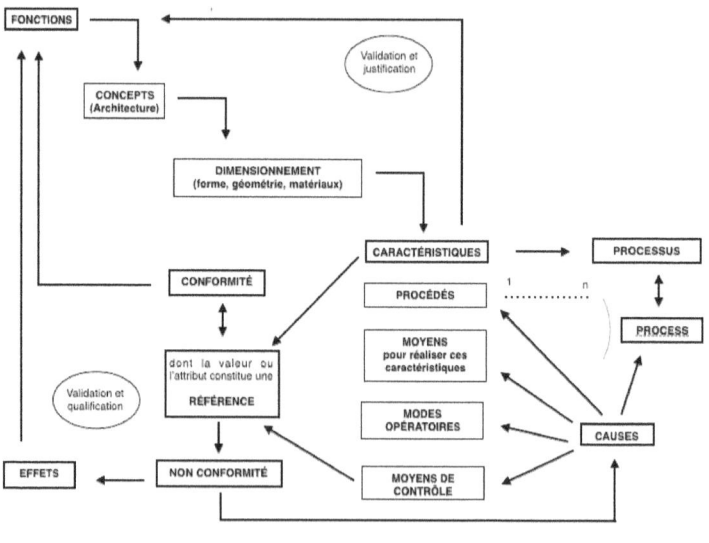

DU RISQUE

Un risque, un plan B

En conception, le risque n'a pas d'existence en soi, il est le résultat d'une décision du concepteur ou de l'organisation conceptrice ! Il convient donc d'être extrêmement attentif et prudent quant à son analyse et à sa cotation puisque de fait il s'agit d'un jugement porté sur une construction par l'acteur responsable de la construction.

Il est donc toujours possible de faire dire tout et son contraire à une grille d'analyse et de cotation du risque. Pour s'en convaincre revenons aux fondamentaux.

L'activité des savoirs à l'œuvre a pour but de passer au crible des connaissances disponibles, ou accessibles à l'organisation conceptrice, les fragments d'un conçu.

Le résultat de ce passage au crible est une liste de questions et de leurs réponses éventuelles, ayant toutes trait à la faisabilité des éléments du conçu, au sens de « nous savons faire » ou « nous savons faire à telles conditions » ou « nous ne savons pas faire » ou « nous ne savons pas si nous savons faire ou pas ».

Les faisabilités s'entendent pour tout ce qui concerne le contexte du conçu et de son environnement, d'où l'importance de l'activité d'imprégnation, en particulier le commerce, l'économique, le stratégique, l'industriel, le financier, le technique, dans leur ensemble et simultanément.

« Savoir faire » ou « savoir faire à telles conditions » rendent, pour les questions correspondantes et les fragments du conçu auxquels elles se rapportent, l'utilisation des dits fragments du conçu possible pour la nouveauté en cours de conception ou de validation.

L'activité de générer des savoirs a pour but pour les questions précédentes dont les réponses sont « nous ne savons pas faire » ou « nous ne savons pas si nous savons faire ou pas », de bâtir des plans d'actions pour produire la connaissance permettant d'y répondre.

Il est souvent nécessaire de faire appel pour cela à des connaissances non disponibles dans l'organisation conceptrice.

Les éléments dont l'utilisation possible a été validée et justifiée sont disponibles pour l'activité, qui consiste à choisir les fragments de conçu, qui seront assemblés pour constituer la nouveauté et à les décrire pour faire.

Les conséquences du choix ne sont pas les mêmes, selon que les réponses aux questions concernant les faisabilités relèvent d'une catégorie ou d'une autre.

Lorsqu'elles relèvent des deux catégories contenant « nous savons faire » le choix du concepteur est libre et ne génère pas de risques plus importants que ceux pris en compte dans les connaissances présentes, pour poser les questions et y répondre.

Lorsque le concepteur décide d'utiliser un fragment du conçu dont les réponses aux questions concernant les faisabilités relèvent de la catégorie « nous ne savons pas faire », il sait qu'il prend un risque. C'est même lui qui par sa décision l'introduit dans sa conception.

Ce risque du concepteur, connu, introduit consciemment dans la conception de la nouveauté, doit être accompagné d'un plan B dont le but est de compenser les conséquences du risque introduit.

Si la décision est d'utiliser un fragment du conçu dont les réponses aux questions concernant les faisabilités relèvent de la catégorie « nous ne savons pas si nous savons faire ou pas », il est évident qu'il n'y a pas de plan B possible puisque la connaissance du « pourquoi, comment ça marche » est inexistante et rend la validation et la justification de la conception impossible.

En effet le plan B est lui aussi issu du conçu !

La grille ci-dessous permet de proposer une synthèse générique. Elle a été élaborée à partir d'un cas concret et le principe en a été imaginé par le responsable de l'innovation de l'industriel concerné.

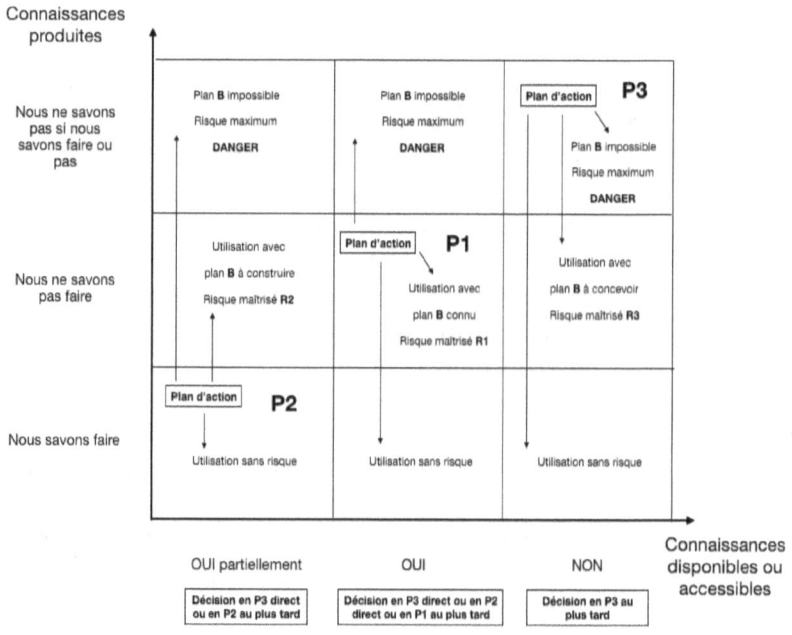

Dans son langage, P3 concerne un conçu sur lequel il faut travailler en phase d'innovation, P2 en phase de développement et P1 directement en phase d'études pour application sur un produit en série.

Nous notons la différence entre le risque du concepteur tel que défini, qu'il introduit lui-même par ses choix dans sa conception et dont en bonne logique il se prémunit des conséquences possibles en mettant en oeuvre un plan B, et le risque tel que vu par l'assureur.

L'assureur est lui dans une autre logique, qui consiste d'une part à apprécier la probabilité du risque et d'autre part à en évaluer la gravité, pour définir globalement le risque comme le produit de la gravité par la probabilité.

Pour le concepteur il s'agit de mettre en oeuvre un conçu dont le risque soit maîtrisé en termes de conséquences possibles, qui ne doivent pas pouvoir s'avérer.

Pour l'assureur il s'agit de faire payer une prime en contrepartie de laquelle il dédommagera du préjudice causé par un événement aléatoire si celui-ci se produit.

DE LA SPÉCIFICATION

Choisir et décrire pour faire

Nous avons maintenant tout pour faire, puisque nous avons produit des concepts dont les morceaux constituants ou constituants potentiels ont été soumis à la « question » par les experts porteurs de connaissances, réunis dans le collectif de conception du Nouveau.

Les experts ont produit les réponses aux questions ou ont élaboré et conduit les plans d'actions qui ont permis de produire les réponses manquantes.

Les morceaux sont donc soit utilisables, avec la mise en oeuvre d'un plan B bien défini et évalué, pour empêcher la survenue d'événements risqués, identifiés ou pour pallier les effets de leurs conséquences, soit inutilisables.

Il est donc possible de conduire l'activité de conception dite de **spécification**. Spécifier c'est faire des choix et décrire pour faire.

A ce stade nous observons que nous ne faisons pas tout à fait la même utilisation de ce terme en conception du Nouveau que lors de la conception en univers connu.

Dans l'univers du connu spécifier est entendu au sens de dire ce que l'on souhaite obtenir, c'est-à-dire en deux mots faire un cahier des charges. Dans ce cas le Faire est connu et c'est bien sa mise en oeuvre astucieuse, intelligente et pertinente au cas d'espèce, qu'il s'agit de préparer.

Dans le cas de la conception du Nouveau nous sommes dans l'inconnu et toute notre démarche a été d'explorer cet inconnu pour disposer d'une collection de morceaux utilisables pour réaliser le ou les Nouveaux souhaités.

Si nous revenons à la fin de l'activité de créativité, nous disposons au travers de nos morceaux, aussi bien de composants potentiels que de relations potentielles entre ces éléments.

Ces composants et relations potentiels permettent de réaliser un ensemble de Nouveaux possibles, tous faisables sous réserve d'utiliser les éléments qualifiés d'utilisables à l'issue de la démarche décrite. L'intérêt, la pertinence, l'opportunité, la temporalité doivent être une dernière fois appréciés dans le cadre de la stratégie de l'entreprise, quant à son développement et à son exploitation des Nouveaux à produire.

Si tous les composants et relations sont utilisables pour faire des ensembles valides, du point de vue de la conception du Nouveau, et constituent des séries et des lignées de produits nouveaux, l'entité conceptrice doit choisir ceux qu'elle privilégie, l'ordre dans lequel elle les lance ainsi que la programmation du développement des constituants nécessaires et les moyens qu'elle souhaite y consacrer.

Parler de la fin de l'activité de créativité est un abus de langage car rien ne dit qu'il faut l'arrêter à un moment donné, mais plus exactement il est opportun de préciser des critères d'arrêt qui temporairement permettent d'articuler cette activité avec les autres.

L'activité de créativité devient donc au contraire continue et se déplace aussi vers les composants et relations en tant que manière différente de les réaliser, alimentant ainsi de façon quasi permanente le plan de développement du Nouveau de l'entreprise.

A partir du moment où les choix sont faits, décrire pour faire est la formalisation, dans le cadre des processus de conception produits-process-processus, de tout ce qu'il faut faire pour que la nouveauté conçue voie concrètement le jour, aux niveaux de performances et de coûts attendus et à la date souhaitée.

Là encore nous raccordons le processus de conception du Nouveau aux processus de l'entreprise et au pilotage en mode projet.

Il est important de noter que ce n'est pas une innovation que la conception du Nouveau a produite. C'est un ensemble de possibles validés et justifiés, qui peuvent être réalisés et mis sur le marché au fur et à mesure de la disponibilité des réponses aux questions que posent les morceaux qui les constituent potentiellement. Ainsi l'entreprise, selon ses besoins de nouveauté et ses marchés, met en place la stratégie et les moyens pour faire avancer un plan prévisionnel d'innovation.

C'est aussi un ensemble d'éléments produits par les activités de conception, qui formalisés restent avec une certaine validité dans le temps pour poursuivre en continu la démarche de conception du Nouveau, sans avoir à en reproduire à chaque fois l'ensemble.

L'imprégnation devient le système de veille concurrentielle élargi de l'entreprise, alimenté en continu par tous ses membres et dont les schémas d'analyse qui en utilisent les informations sont ré-interrogés périodiquement, par exemple dans le cycle de réactualisation de la stratégie de l'entreprise.

Le dessein produit des éléments qui, eux aussi interrogés périodiquement dans le même cycle, deviendront très clairement des éléments affichés de la stratégie. Cela concerne aussi bien le renouvellement de la gamme des produits que le positionnement de l'entreprise, le développement de ses connaissances et de ses technologies.

La spécification, comme activité du choix et de la formalisation du décrire pour faire, est l'opportunité du passage formel de l'inconnu bien exploré, au connu en train de se produire comme futur de l'entreprise.

DE L'AMÉLIORATION

Il est toujours possible de mieux faire

Pour qu'une conception avance, c'est vrai pour le Nouveau aussi, il faut définir des critères d'arrêt qui permettent à partir d'un stade jugé acceptable, suffisant, momentanément pertinent, de ne plus poursuivre une activité, pour pouvoir enchaîner sur les autres activités et faire progresser le processus.

En l'absence de ces critères il est des phases, la créativité en particulier, où il est toujours possible de poursuivre, presque sans fin, accumulant ainsi « matériel » sur « matériel », au risque de ne pas pouvoir les exploiter.

Lorsque nous avons fait agir les connaissances dont nous disposions et que nous en avons produites, certaines d'entre elles se sont révélées non pertinentes, inutiles, accessoires.

Enfin parmi les morceaux à partir desquels nous avons travaillé, certains ont été reconnus comme non utilisables ou utilisables mais en mettant en oeuvre des plans B que personne n'a jugé opportun d'activer.

Ces éléments apparaissent donc comme des déchets du processus, pistes non explorées ou pas totalement, connaissances non utilisées ou partiellement, composants ou relations imaginés sur lesquels on a travaillé mais non utilisables. Ce n'est pas pour cela qu'il faut s'en débarrasser !

Il s'agit d'abord de formaliser soigneusement tous ces éléments, comme s'ils avaient été utilisés. Ce n'est pas du temps perdu car on a travaillé sur ces éléments, des connaissances ont été produites, manipulées, utilisées, et même si cela se révèle inutile dans le cas d'espèce, cela peut ne pas l'être dans une autre situation, pour laquelle retrouver tout ce qui a été fait est utile même si certains éléments sont à réactualiser.

Il faut ensuite distinguer les utilisations futures de ce qui a été fait dans le cadre de cette activité de conception dite **amélioration**.

Pour les connaissances produites et non utilisées, l'important est que leur formalisation et leur archivage permettent de les retrouver facilement lorsqu'une nouvelle situation les rend utiles ou nécessaires.

Elles doivent être intégrées dans le système de stockage et de management des connaissances de l'entreprise. Nous savons qu'il s'agit souvent d'une arlésienne car mettre en place un tel système pour reprendre l'existant, demande une énergie, un temps et des coûts importants. C'est pour cela que nous proposons de ne pas se lancer dans cette aventure coûteuse et hasardeuse, mais de mettre en place une démarche simple et efficace.

Pour qu'un tel système puisse se constituer et fonctionner il faut tout d'abord le faire en continu, en même temps que les connaissances sont produites. C'est pour cela qu'il faut s'occuper soigneusement des connaissances que l'on est en train de produire pendant la conception du Nouveau, et en traiter la formalisation, l'archivage et la mise à disposition en cours de production.

Enfin c'est leur modélisation qui rend les connaissances utilisables. Elle doit également être faite en continu et au moment où la connaissance est produite.

C'est donc parce qu'une connaissance est modélisée, formalisée, archivée et mise à disposition qu'elle peut être utilisée, même si à un instant donné, dans un projet donné, elle s'est au final révélée inutile.

Pour les morceaux non utilisables ou utilisables avec des plans B non activés, le plus simple est de les considérer comme de la connaissance produite.

La principale utilisation concerne les morceaux dont la conception a été à un moment figée, gelée, à un stade donné par application des critères d'arrêt, et dont l'utilisation a été décidée pour spécifier un état du Nouveau en train d'être conçu.

Cela veut dire que le Nouveau une fois réalisé porte en lui des potentialités d'amélioration qui prennent comme point de départ la réouverture des critères d'arrêt utilisés pendant la conception.

Cette réouverture donne sans énergie considérable à dépenser, la possibilité de construire un plan d'amélioration du Nouveau qui peut se dérouler tant que ce dernier est en vie, en production et en clientèle.

Qu'il s'agisse d'améliorer les performances, de diminuer la masse, de réduire les coûts ou tout autre objectif, ces plans d'amélioration sont conduits avec pertinence pour l'entreprise et ses clients pendant la vie série du produit et donnent lieu à des prétextes concrets et à contenu thématique pour l'animation de la vie du dit produit.

DE LA MÉTHODE

Nous avons décrit différentes activités de conception, l'imprégnation, le dessein, le portrait-robot, la créativité, les savoirs à l'oeuvre, la génération des savoirs, la spécification et l'amélioration.

Il ne faut pas oublier d'y ajouter Faire, qui est la principale activité de conception pour explorer l'inconnu, d'où est issu le Nouveau en train d'être conçu, et que ce Faire est à chaque étape comme la donnée de sortie de chacune des activités listées ci-dessus.

Chaque activité est un Faire en soi et engendre des actions, qui permettent de produire ce qui est attendu de chacune d'entre elles.

La construction du processus de conception consiste donc, en partant de n'importe quel point de départ, à déterminer ce qu'il est nécessaire de faire pour avancer, ce qui pointe sur une activité, gérable en tant que telle.
Et pour cette activité là, il suffit de construire ce qu'il est nécessaire de faire, concrètement, physiquement, pour que ce qui est attendu soit produit.

Tout ce qui est recherche d'informations pointe sur l'activité d'imprégnation et pour le type d'informations recherchées il faut déterminer comment se les procurer de la manière la plus fiable et la plus certaine, et comment mettre en oeuvre la démarche.

Tout ce qui est de l'ordre de l'intention ou de la conception du processus ou de la démarche, relève de l'activité du dessein et le groupe travaille à identifier et à formaliser ces éléments d'objectifs, de limites et de périmètre en lien avec la stratégie de l'entreprise à laquelle elle appartient, et à le faire concrètement.

En remarquant que pour réaliser une activité, il est opportun d'utiliser les autres activités de conception, en considérant que ce qui est à faire pour l'activité est nouveau si le collectif se retrouve face à l'inconnu.

Le schéma suivant synthétise la méthode :

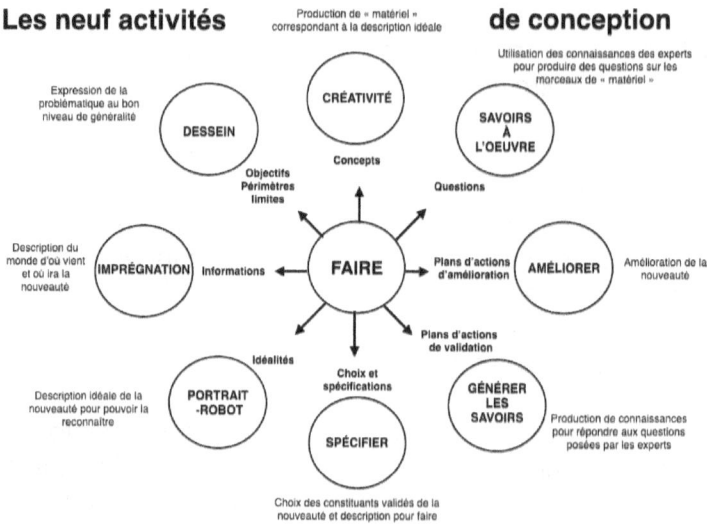

Il est possible de commencer par n'importe quelle activité en étant attentif aux données de sorties qu'elle est sensé produire et en ne perdant pas cet objectif de vue.

La deuxième précaution est d'être extrêmement attentif à l'apparition de difficultés qu'il ne faut absolument pas occulter. En effet elles sont soit l'alerte de la nécessité d'approfondir, soit le signe de la nécessité du passage à une autre activité.

L'animation du travail du groupe de conception consiste justement à faire apparaître des contradictions entre les points de vue argumentés exprimés par les différents experts.
Si une fois ces contradictions exploitées de manière « confrontatoire » en poussant les experts à opposer leurs points de vue, ou plus précisément à confronter leurs arguments, il reste des sujets en suspens, c'est pour traiter ces sujets qu'il faut passer à une autre activité selon la nature du sujet et de ce qu'il faut faire pour le traiter.

Ce sont ces confrontations d'arguments et les sujets qu'elles soulèvent, si les connaissances présentes ne permettent pas de les lever, qui au fil de l'enchaînement des différentes activités conduisent les participants à construire ensemble des raisonnements partagés, au sens où les arguments qui soutiennent ces raisonnements sont validés et justifiés par le travail fait.

C'est en définitive cette coconstruction contradictoire de raisonnements partagés qui est le but fondamental de la méthodologie.

Elle assure à la fois la cohésion du groupe, la progression personnelle de chacun, l'enrichissement collectif, la validation et la justification du processus de conception, qui rappelons-le ne peut être décrit qu'à la fin.

Les différentes activités sont donc des outils qui permettent d'instrumenter cette coconstruction en guidant les acteurs selon la nature des sujets qu'ils soulèvent, évitant ainsi des querelles de méthodes.

Il n'y a que neuf types d'activités de conception, elles sont valables quels que soient la conception et les concepteurs, artistes, ingénieurs, politiques, scientifiques, architectes, elles sont centrées chacune sur un type de données de sortie et ce qui importe est le Faire pour les produire.

Invitant les hommes à se concentrer à la fois sur le pour quoi faire et sur le comment faire, puis sur le Faire lui-même, elles prédisposent à l'action mais une action soutenue et appuyée par une réflexion profonde et de qualité.

Et c'est important car Faire pour survivre est bien l'enjeu essentiel dans notre contexte.

La conception du Nouveau, c'est tout ce qui permet à partir du réel et de ce que l'on en connaît, de faire Nouveau, c'est-à-dire quelque chose que l'on ne connaît pas encore et qu'il faut faire advenir : explorer aujourd'hui l'inconnu avec pour seul bagage ce que l'on connaît, pour produire un Nouveau qui sera un futur connu.

DE LA PRATIQUE

*Des raisonnements à conduire pour chaque activité de
conception du Nouveau et son pilotage agile*

SYNTHÈSE DE LA MÉTHODE

Une manière efficace d'innover consiste à admettre que le Nouveau n'apparaît pas a priori par hasard, mais qu'il est le résultat d'un processus. Nous disons qu'il s'agit d'un processus de conception, activité qui consiste à produire des solutions à des problématiques identifiées.

En général dans une entreprise qui vend, conçoit et fabrique des produits, il s'agit de mettre en oeuvre des connaissances connues pour réaliser un produit maîtrisé par l'entreprise, celui qui l'a fait vivre hier et continue de le faire aujourd'hui.

Dans la plupart des cas ce processus de conception est décrit et mis en oeuvre d'une manière normée et managée, condition de l'obtention de la qualité et du niveau de performance opérationnelle visés par l'entreprise. La spécificité de la conception du Nouveau est de produire de l'inconnu et un inconnu stratégique, puisque nécessaire pour s'adapter aux changements du monde.

Il s'agit pour l'entreprise de faire ce qu'elle connaît tant que c'est possible et de se préparer à faire Nouveau dès que cela est nécessaire, pour survivre et se développer.

Le challenge particulier est qu'il n'est pas possible de dire, et donc de décrire avant, ce qu'il est nécessaire de faire pour concevoir cet inconnu. Il faut admettre que le processus spécifique de conception du Nouveau ne peut être décrit qu'une fois le Nouveau produit et que pour le produire, on ne dispose que des connaissances actuelles de l'entreprise conceptrice, ce qu'elle sait aujourd'hui.

Comment donc produire ce qui n'est pas connu en ne sachant pas comment faire et en ne disposant que des savoir-faire qui permettent de produire le connu ? Ou comment produire aujourd'hui, avec ce que l'on sait, cet inconnu qui doit exister demain ?

La première démarche est de faire preuve d'une extrême humilité ! En particulier devant ses savoirs. Il est en la matière plus efficace de dire « je ne sais pas ». Ce qui conduit à privilégier l'identification, la compréhension et la formalisation des problématiques à résoudre, plutôt que de foncer tête baissée dans la recherche de solutions à des problèmes inconnus ou mal posés.

La deuxième démarche est d'admettre que réunir plusieurs experts, permet de disposer de plus de connaissances qu'en travaillant seul face à ce que l'on ne sait pas ! Mais un collectif d'experts, humbles devant leur savoir, ne garantit en aucun cas que batailles d'ego et oppositions de vérités assénées produiront de quoi faire advenir le Nouveau attendu.

Il s'agit de coconstruire de manière contradictoire des raisonnements partagés dont les arguments sont les bases solides et validées de la conception du Nouveau. C'est la troisième démarche.

Enfin la quatrième démarche est d'admettre que si le processus de conception n'est pas descriptible à priori, il est possible d'identifier et de mettre en oeuvre des activités de conception, qui sont universelles, et qui permettent en passant astucieusement de l'une à l'autre, de décrire des boucles, autorisant petit à petit à avancer sur un chemin dont la description a posteriori permet de formaliser le processus de conception effectivement utilisé.

Il est à noter, pour les familiers de la conception et des processus associés, que cette quatrième démarche fait apparaître ce qui correspond à un cahier des charges à la fin du processus, alors que pour la conception du connu cet élément est en général un préalable sans lequel elle ne peut commencer de manière efficace.

Ces activités sont au nombre de neuf, elles ont chacune un objet, un sujet, un Faire et des produits de sortie.

Faire est une activité de conception en soi, car on n'a rien sans rien et le meilleur moyen d'obtenir ce dont on a besoin est d'agir pour le produire ou se le procurer.

Explorer largement l'environnement, impose à l'entreprise de s'intéresser de manière systématique à ce qui l'entoure, le monde dont proviennent et où vont ses produits, c'est l'**objet**, pour en comprendre les tendances qui l'animent, c'est le **sujet**, en organisant une veille structurée et intelligente, c'est le **Faire**, pour collecter ou produire les informations, ce sont les **données de sorties**, permettant et alimentant la réflexion nécessaire pour produire cette compréhension.

Définir les thématiques à explorer et les objectifs associés, permet de mettre en ligne la conception du

Nouveau avec la stratégie de l'entreprise, c'est l'**objet**, pour identifier et formaliser les éléments des problématiques qui constituent et rassemblent les thématiques à explorer, c'est le **sujet**, en réfléchissant au bon niveau dans l'entreprise et à la bonne profondeur, c'est le **Faire**, pour déterminer et valider les objectifs, périmètres et limites, ce sont les **données de sortie**, qui encadrent le processus de conception du Nouveau et en permettent le pilotage.

Décrire de manière fonctionnelle LA solution, dans la pratique une famille de solutions, ou une méta-solution, est nécessaire pour raisonner hors du poids de la matérialité des solutions techniques, c'est l'**objet**, pour définir l'optimum de la solution aux problématiques identifiées, c'est le **sujet**, en réalisant une analyse fonctionnelle, c'est le **Faire,** pour produire les fonctions à satisfaire, les critères de valeurs qui permettent de juger la pertinence de la réalisation et les valeurs de ces critères pour apprécier la conformité des réalisations, ce sont les **données de sortie**.

Produire des concepts, est indispensable pour pouvoir disposer de « matériel », c'est l'**objet**, pour travailler concrètement à produire des architectures de réalisations possibles, c'est le **sujet**, en faisant oeuvre de créativité destructive, c'est le **Faire**, pour identifier et produire des éléments séparés disposant d'une certaine autonomie fonctionnelle et organique constituants potentiels du Nouveau, ce sont les **données de sortie**.

Passer les constituants potentiels du Nouveau au crible des expertises permet de faire agir les connaissances actuelles rassemblées, c'est l'**objet**, pour identifier les difficultés connues pour mettre en oeuvre la manière connue de les lever, et faire apparaître celles pour lesquelles on ne sait pas comment faire pour les résoudre ou que l'on anticipe sans pouvoir les formaliser avec précision, c'est le **sujet**, en laissant les experts s'exprimer et surtout débattre, c'est le **Faire**, pour produire les questions que soulèvent la conception et la réalisation des constituants potentiels du Nouveau envisagés, identifier les réponses connues et validées et faire apparaître les questions sans réponses ou encore mal posées, ce sont les **données de sortie**.

Produire les connaissances pour valider, nécessite d'imaginer comment il est possible de produire ou de se procurer les connaissances non encore disponibles, c'est l'**objet**, pour répondre aux questions sans réponses et préciser les questions mal posées pour y répondre également, c'est le **sujet**, en identifiant les actions à conduire, c'est le **Faire**, pour construire des plans de validation, ce sont les **données de sortie**, qui permettront de décider s'il est possible et comment, d'utiliser les constituants potentiels ayant généré des questions mal posées ou sans réponses.

Spécifier, induit de préciser les éléments qui constituent le Nouveau, c'est l'**objet**, pour pouvoir le réaliser, c'est le **sujet**, en choisissant et décrivant les éléments de la solution qui le constituent, c'est le **Faire**, pour pouvoir en permettre la réalisation justifiée, choix, description, justification et réalisation, constituant ensemble les **données de sortie**.

Planifier l'amélioration, prend acte du fait qu'une conception prend tout le temps qu'on lui laisse et que pour limiter celui-ci il faut à un moment décider de s'arrêter, bien que le potentiel d'amélioration soit imaginé ou connu, et qu'il est dommage de ne pas l'exploiter, c'est l'**objet**, pour faire évoluer le Nouveau conçu et le rendre plus pertinent ou plus performant, c'est le **sujet**, en identifiant, organisant et formalisant les thématiques, pistes et objectifs accessibles moyennant un certain travail qui peut être décrit, c'est le **Faire**, pour constituer des plans d'actions d'amélioration à mettre en oeuvre dans le futur, ce sont les **données de sortie**.

Il apparaît rapidement au praticien de la conception que la nécessité de faire des boucles pour explorer l'inconnu sur un chemin non balisé à l'avance, pose le sujet de la manière de piloter un tel processus. Il lui faut admettre l'impossibilité de vouloir simultanément minimiser le temps de conception et maximiser la performance du conçu.

Il doit prendre acte du fait que l'objectif est d'atteindre un optimum pour la nouveauté conçue, et que le temps pour ce faire est la résultante d'une phase pendant laquelle il est inutile et inefficace de compter le temps, et d'une phase qui peut commencer à la fin de la production des concepts, à partir de laquelle il est possible de raccorder progressivement le processus de conception du Nouveau, au processus de pilotage par projets des activités usuelles de conception, en n'oubliant pas qu'il est toujours possible que la nécessité d'une nouvelle boucle s'impose.

La manière pertinente et efficace de piloter la phase sans temps imposé, est de rendre les activités qui s'y déroulent permanentes et récurrentes. Cela est d'autant plus facile que par nature elles concernent toute l'entreprise.

PILOTER LES PROJETS D'INNOVATION

Nous avons vu dans la synthèse méthodologique que le pilotage de la conception du Nouveau implique d'être attentif à disposer de suffisamment d'experts, à distinguer ce qui est connu de ce qui est inconnu, à ne pas se précipiter pour vouloir établir un cahier des charges préalable, et à ne passer dans un mode projets classique que lorsque des plans d'actions sont établis.

Cela ne nous dit pas encore comment piloter la part spécifique à la conception de nouveauté dans les projets d'innovation, c'est-à-dire celle pendant laquelle le collectif de conception s'intéresse à ce qui est inconnu.

Nous pourrions répondre en disant qu'il suffit d'appliquer la méthode en mettant en oeuvre les activités de conception identifiées et décrites, en étant attentif à comment passer d'une activité à une autre. Mais passer d'une activité à une autre est justement le point délicat du pilotage. Connaître les activités, les pratiquer s'apprend facilement en traitant des cas concrets, apprendre à circuler efficacement d'une activité à l'autre demande quelques outils que nous décrivons maintenant.

D'abord il faut faire une réflexion préalable importante quant à l'esprit dans lequel ces outils de management se couplent aux outils purement méthodologiques. Le coeur de cette réflexion est à prendre dans le concept d'agilité que nous articulons avec celui de conception de nouveauté. Puisque faire Nouveau c'est s'adapter aux changements du monde et qu'agir agile c'est prendre en compte les changements pendant que l'on fait, changer le Faire pendant le Faire Nouveau, c'est **innover agile**.

Il s'agit donc de manager la conception du Nouveau d'une façon telle qu'elle ne puisse pas se figer en train de se faire, mais soit en perpétuelle évolution d'une manière perceptible et pilotable. C'est faire cohabiter de manière harmonieuse, d'une part une méthodologie pour faire concevoir le Nouveau, et d'autre part un mode de management pour permettre d'agir agile.

Nous admettons que les activités de conception du Nouveau sont bien celles décrites, et que pour les mettre en oeuvre, en les articulant efficacement, nous utilisons le concept du management agile, que nous ne décrirons pas ici dans ses pratiques managériales spécifiques, il suffit de se reporter pour cela aux bons ouvrages sur le sujet. Nous posons les principes du raisonnement qui conduit à l'action pertinente, et nous décrivons comment il s'utilise pour chaque activité de conception et leurs articulations.

Le concept d'agilité, dans le raisonnement managérial, remplace la roue de Deming des méthodologies Qualité issues de la deuxième guerre mondiale et de la conquête spatiale, le bien connu PDCA (Plan, Do, Check, Act, qu'il faut traduire par prévoir, mettre en oeuvre, vérifier les effets, décider quoi faire, au lieu des classiques et rituels planifier, faire, contrôler, réagir) par une chaîne plus efficiente pour un fonctionnement en boucles courtes (la pratique opérationnelle agile) décrite ainsi : Collaborer, Livrer, Réfléchir, Améliorer.

Nous proposons une fiche du raisonnement à conduire avec des exemples pour chaque activité de conception du Nouveau .

ACTIVITÉ DE CONCEPTION : FAIRE

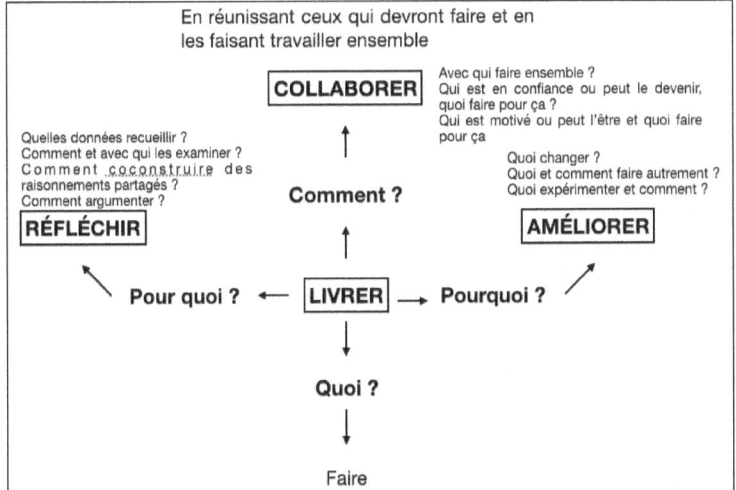

Ce schéma général est en somme le schéma type pour toutes les activités de conception.

Nous prenons acte du fait que **Faire** est une activité de conception qui est la réponse à la question livrer, oui mais livrer quoi et que faire pour livrer ? D'une manière générale, une fois que l'on sait quoi faire il faut répondre à la question comment, et là nous actons que par principe c'est toujours un collectif qui agit, en tous cas dès que le sujet est un tant soit peu complexe, ce qui est toujours le cas en conception de nouveauté.

Puisque nous sommes dans l'inconnu, par principe lorsque l'on conçoit Nouveau, répondre à quoi et à comment ne suffit absolument pas, il faut d'abord répondre à « pour quoi ce qu'il a été décidé de livrer est utile », et ensuite à « pourquoi il faut le faire ».

Prenons un exemple pour illustrer, le chef entre dans le bureau et dit à la cantonade : « Il faut livrer un proto ! »

« Bien chef ! »

Livrer quoi et que faire pour ? Le proto est-il un objet physique, à l'échelle 1 ou pas, une maquette pour représenter l'extérieur, l'intérieur, un objet qui doit illustrer les fonctionnalités, un objet qui doit permettre d'être capable de juger de la forme, un objet pour tester l'endurance du fonctionnement, une représentation numérique ?
Selon la réponse, la manière de le faire n'est pas la même car l'objet n'est pas le même.

Collaborer, comment faire ? De quoi va être constitué l'objet, allons-nous le faire en interne, qui va décider du procédé, quelles machines allons-nous utiliser, comment et qui va faire la définition de l'objet ?

Réfléchir, pour quoi faire ? Veut-on travailler sur la pertinence du design au regard des attentes identifiées des clients potentiels, s'agit-il de concevoir un nouveau produit, de développer un nouveau procédé de fabrication ou d'assemblage ?

Améliorer, pourquoi faire ? S'agit-il d'un moyen pour le styliste de présenter son travail à ses patrons pour obtenir une décision, veut-on faire toucher du doigt à des clients ce que sera le prochain produit, a-t-on besoin à l'usine d'un moyen pour tester si les différents composants se montent ensemble ?

ACTIVITÉ DE CONCEPTION : IMPRÉGNATION

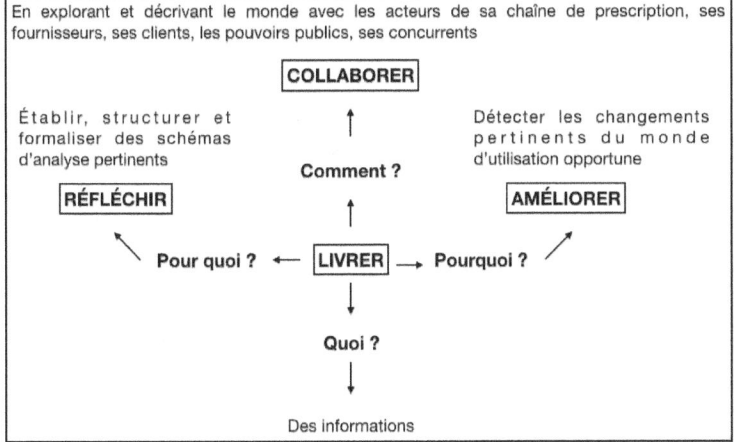

Il s'agit de produire des informations, d'aller les chercher, c'est ce qu'il faut livrer. Les informations sont de toutes natures et dépendent du type de problématique que l'entreprise a décidé d'instruire.

Lorsqu'il s'agit de faire Nouveau, ce sont souvent les comportements des clients, ce que fait la concurrence, les évolutions sociales, économiques, l'évolution des marchés par exemple, qui sont les sujets sur lesquels l'entreprise souhaite recueillir des informations. Notons cependant que ces informations sont destinées à permettre une description pertinente du monde dans lequel agit l'entreprise, ses clients et où iront ses nouveaux produits.

Collaborer pour produire ces informations, c'est à la fois mettre à contribution toutes les fonctions de l'entreprise, et aller chercher des acteurs extérieurs, avec lesquels il est possible de parler de ces sujets de manière pertinente.

Imaginons que l'entreprise s'intéresse à l'utilisation nouvelle, pour elle, d'une technologie un peu avancée qui vient juste de sortir des laboratoires. Elle veut s'intéresser à ce que ces laboratoires ont fait, c'est donc peut-être le département de Recherche et Développement qui s'en charge, elle veut connaître quels sont les industriels qui mettent en oeuvre cette technologie au travers de machines spécifiques, ce sont certainement les Achats qui sont mis à contribution. Pour en savoir plus sur les produits qui sur le marché sont fabriqués ainsi, elle regarde ce qui se fait et se vend, en demandant spécifiquement au Commerce et au Marketing de s'y intéresser de plus près.

Si ces informations restent dans la tête ou les dossiers de ceux qui les ont collectées, cela ne présente pas beaucoup d'intérêt hormis pour eux. Il est surtout intéressant de partager ces informations, de les confronter et de les utiliser.
Réfléchir est justement le moyen d'utiliser ces informations dans un but extrêmement précis, établir des schémas d'analyse, qui sont un peu à l'entreprise ce

qu'est la carte d'état-major pour le randonneur, le moyen de lire, de décrypter le terrain, pour lire le paysage, s'y repérer, s'y orienter et réfléchir à comment s'y déplacer.

Améliorer, c'est par une lecture attentive et réfléchie, utiliser les schémas d'analyse pour détecter les « sujets » au sens large qui sont porteurs de sens pour le devenir, le développement mais aussi la survie de l'entreprise.

ACTIVITÉ DE CONCEPTION : DESSEIN

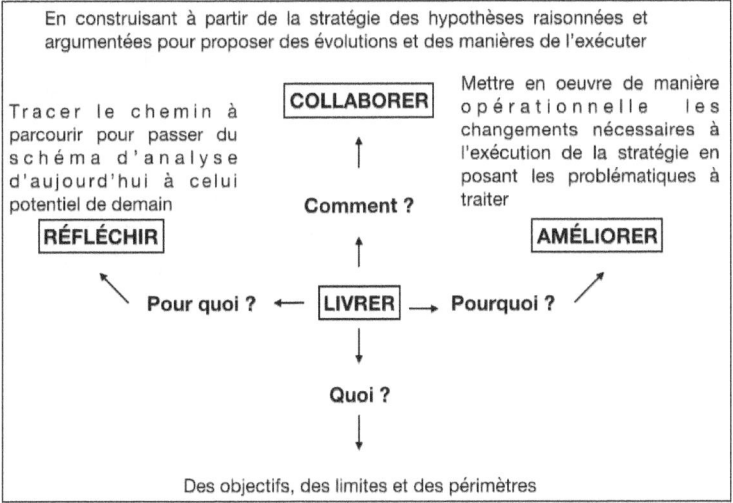

Livrer c'est donner des objectifs, des limites et des périmètres en phase et en cohérence avec la stratégie de l'entreprise.

Par exemple, si la dimension stratégique du sujet est « nous voulons nous développer dans le domaine des pièces de carrosserie en plastique », le dessein d'un projet d'innovation pourrait être, notre objectif est de développer un hayon en plastique pour véhicule de gamme A et B, totalement en thermoplastique injecté et peint ton caisse, pour un investissement de tant et un prix de revient de tant, qui sera fabriqué dans telle usine. Il devra être totalement et facilement recyclable, il ne contiendra pas de pièces de renfort métalliques et les composants métalliques indispensables (charnière, serrure etc) auront des fixations facilement accessibles. Sa masse ne dépassera pas tant de kilogrammes hors vitrage et il sera monté automatiquement et sans réglages sur véhicule.

Collaborer c'est permettre à tous les membres de l'entreprise, impliqués dans la construction de la stratégie et le pilotage de sa mise en oeuvre, de construire les raisonnements permettant de déterminer et de justifier les hypothèses les plus pertinentes quant à l'évolution de la stratégie et de son exécution.

Réfléchir c'est exploiter les schémas d'analyse et les pistes identifiées comme changement utile, porteur de valeur, en imaginant les chemins qu'il est opportun de faire parcourir à l'entreprise dans le paysage éclairé par l'activité d'imprégnation.

Améliorer c'est déterminer la liste précise des problématiques sur lesquelles travailler, pour exécuter la stratégie et les changements que cela implique.

ACTIVITÉ DE CONCEPTION : PORTRAIT-ROBOT

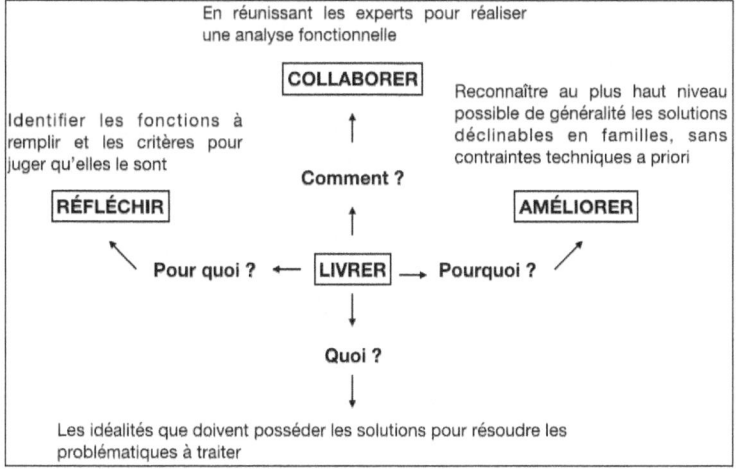

Livrer c'est mettre à disposition des concepteurs la liste des idéalités que doit posséder la solution.

Collaborer c'est réunir les experts pour faire une analyse fonctionnelle.

Réfléchir c'est déterminer les fonctions pertinentes à remplir par le Nouveau en train d'être conçu, tout en se donnant le moyen de juger de la manière dont les fonctions sont remplies.

Améliorer c'est disposer d'un outil de reconnaissance, qui permet au concepteur de se faire une idée de la solution comme le policier se fait une idée du coupable, indépendamment des solutions techniques possibles pour la réaliser. En effet toute solution technique porte en elle des contraintes, techniques, qui si elles pèsent trop tôt sur la réflexion, induisent des raisonnements techniques, qui ne sont pas au bon niveau de généralité. Il faut donc faire abstraction de toute solution de réalisation pour penser les fonctions au bon niveau de généralité. Il est ensuite temps d'arbitrer entre les contraintes inhérentes aux solutions techniques possibles pour faire les choix nécessaires, mais ces arbitrages sont contingents et de deuxième niveau.

Enfin, nous pourrions dire en mathématiques que la relation fonction-solution n'est pas univoque, au sens où pour une fonction, bien exprimée au bon niveau de généralité, il y a plusieurs solutions techniques possibles. Cela augmente la variété du « matériel » disponible, c'est bien l'intérêt de la chose !

L'expérience montre qu'il est inutile de dépasser vingt fonctions, ce qui constitue une limite très précise au-delà de laquelle il est préférable de décomposer le portrait-robot du système « solution » en sous-systèmes pour en maîtriser la complexité. Dans ce cas il est préférable d'avoir un portrait-robot décrivant les fonctions générales du système, puis pour chacune de ces fonctions un portrait-robot décrivant les fonctions des sous-parties.

ACTIVITÉ DE CONCEPTION : CRÉATIVITÉ

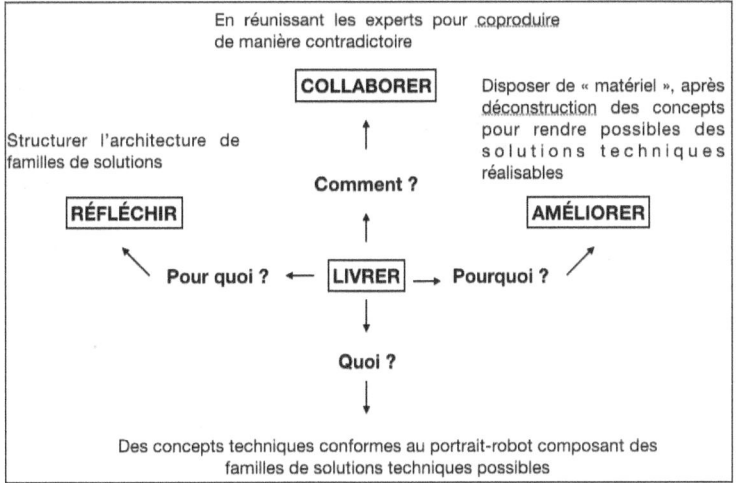

Livrer c'est produire une série de solutions techniques, qui constituent le « matériel », solution conforme, au sens où elles réalisent pratiquement, techniquement, les fonctions décrites dans le portrait-robot.

Il peut s'agir à ce stade aussi bien d'objets physiques, d'organisations ou de logigrammes d'assemblage de composants pour réaliser les fonctions.

Si par exemple la problématique posée est de supprimer l'angle mort du montant de pare-brise pour augmenter la visibilité du conducteur dans une automobile et donc la sécurité des piétons et cyclistes en environnement urbain, plusieurs concepts sont possibles : soit un pare-brise réalisé avec une technologie spécifique (qui est à inventer et à décrire) permettant de faire passer toute la résistance mécanique par cet élément et non plus par les montants de pare-brise ; soit un système de caméra et d'écran faisant apparaître sur une garniture de montant de baie l'image de l'extérieur du véhicule.

Nous avons dans un cas une solution mécanique qui nécessite de travailler le matériau et la manière de fabriquer le pare-brise lui-même, et dans l'autre cas une solution plus « digitale » à base de capteurs, d'écrans, et de logiciels. Les deux solutions sont recevables puisqu'elles permettent d'assurer une vision sans angle mort lorsque le conducteur regarde à 10 h moins 10 vers l'extérieur du véhicule qu'il conduit.

Collaborer, c'est réunir un collège d'experts pour produire ces concepts avec une méthodologie de créativité, peu importe laquelle, il suffit qu'ils y soient formés, qu'ils la connaissent et la maîtrisent. Cela peut très bien être un simple brain-storming, toujours utile même si ce n'est pas le plus efficace, ou la méthodologie de la valse à quatre temps (voir chapitre du même nom).

Réfléchir, c'est raisonner autour de l'architecture de familles de solutions, sans se laisser entraîner par le poids des savoirs et des investissements de l'entreprise, mais sans les omettre non plus, en tous cas pour ceux qui n'ont pas été explicitement favorisés ou restreints au niveau du dessein. C'est le moyen d'augmenter la productivité de l'activité de créativité, tout en s'offrant pour le futur, un champ de possibles encore plus vaste pour des combinatoires aussi différentes que riches. C'est aussi le moyen de commencer à entrevoir, puisque la créativité ramène au matériel, aux matériaux, au concret, au réel et donc de facto à des pesanteurs, des rigidités et des résistances, à la fois les domaines techniques et de savoir-faire, qu'il faut aborder et mettre en oeuvre, et les investissements dans les ressources humaines ainsi que les moyens matériels à envisager.

C'est ne pas oublier que ces dynamiques humaines, de savoir-faire, techniques, de moyens et d'investissements sont des dynamiques de temps long et donc toujours à réfléchir en lien avec la stratégie, son exécution et ses évolutions.

Améliorer, c'est disposer des éléments de « matériel », obtenus par une déconstruction intelligente des concepts en morceaux élémentaires, éléments qui alimentent la suite du processus de conception du Nouveau.

La créativité n'est pas le lieu où sont produites des idées, mais l'opportunité, après avoir produit des concepts, de fournir des éléments matériels et des raisonnements industriels, techniques, financiers et stratégiques, pour poursuivre la conception de ce qui est attendu pour développer l'entreprise et les savoirs des hommes qui s'y emploient.

ACTIVITÉ DE CONCEPTION : SAVOIRS À L'OEUVRE

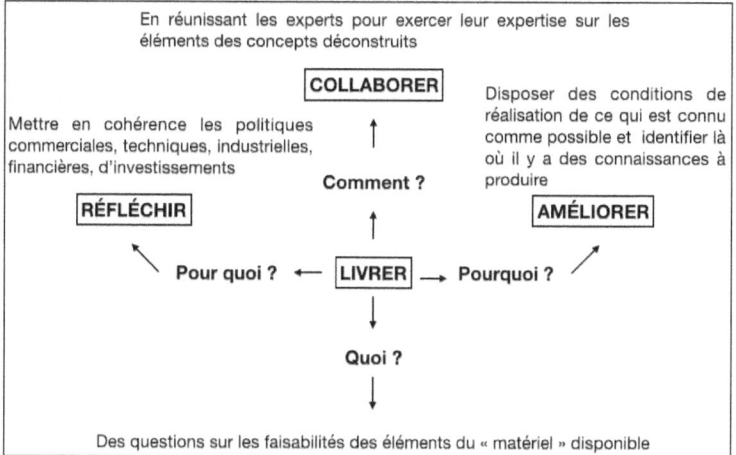

Livrer c'est disposer de questions sur les faisabilités des éléments du « matériel » disponible, par exemple dans le cas de la conception d'un hayon en thermoplastique peint ton caisse, apparaît dans les éléments de concepts identifiés, la possibilité de coller deux pièces peintes l'une sur l'autre. La méthodologie doit faire apparaître au moins deux questions :
- savez-vous coller des pièces en thermoplastique (il s'agit en l'occurrence de pièces en polyoléfines, matières très stables chimiquement et donc difficiles à coller sauf à mettre en oeuvre des procédés de modifications physico-chimiques

> des surfaces qui demandent de l'expérience et du savoir-faire) ?
> - avez-vous l'expérience de collage sur une surface déjà peinte ?

En l'occurrence la réponse à la première question est oui, l'entreprise sait quoi faire et comment le faire, donc l'élément « matériel » collage est utilisable, mais la réponse à la deuxième question est, « nous ne l'avons jamais fait », induisant un passage par l'activité génération des savoirs, pour être capable de dire si cet élément « matériel » est utilisable ou pas.

Collaborer, c'est réunir le maximum d'experts possible et les faire travailler de manière contradictoire pour décortiquer élément « matériel » par élément « matériel », d'où l'importance de l'intelligence de la déconstruction, et de réfléchir à toutes les composantes de toutes les faisabilités possibles (scientifiques, techniques, industrielles, financières, commerciales, stratégiques ...). Il faut accepter d'y passer du temps, quitte à faire des boucles, car c'est là, pendant cette activité, que s'identifient les risques que comportent les utilisations possibles des différents éléments de « matériel » identifiés. Il y a très peu de chances de se prémunir contre l'apparition d'un risque, et ses conséquences, s'il n'a pas été identifié formellement au préalable.

Réfléchir, c'est mettre en cohérence les évolutions nécessaires de toutes les politiques de l'entreprise, et d'en tenir compte, qu'elles soient techniques, commerciales, marketing, industrielles, financières ou stratégiques. Il est difficilement imaginable de décider de travailler sur un élément « matériel » qui impose la création d'une usine, l'acquisition de nouveaux moyens, et un investissement lourd sur le plan commercial, si cela n'est pas identifié et soumis au préalable aux instances de l'entreprise qui sont à même de prendre des décisions dans ces domaines.

Cela ne veut pas dire qu'il ne faut pas travailler sur ces sujets, mais le faire d'une manière différente et spécifique, par exemple lors d'une simple modification d'un procédé de fabrication bien connu, même s'il faut, pour le faire, imaginer une petite installation spécifique d'essai et de mise au point. Dans un cas nous sommes dans une dimension d'évolution lourde, engageant des moyens et dont la dimension stratégique ne peut être négligée, dans l'autre cas l'engagement est d'une tout autre nature et s'il peut aussi être stratégique, c'est plus par les avantages et gains qu'il apporte que par les ressources qu'il nécessite d'engager.

Améliorer, c'est d'une part disposer de toutes les conditions de faisabilité sur les éléments de « matériel » ainsi rendus utilisables pour le Nouveau en train de se concevoir, et d'autre part connaître la liste des sujets pour lesquels les conditions de faisabilité ne sont pas acquises, et donc sur lesquels il faut travailler pour les rendre utilisables si cela présente une opportunité de nouveauté intéressante.

Dans l'exemple cité plus haut, de la suppression de l'angle mort dû aux montants de pare-brise dans une automobile, la solution de développer une autre technologie de réalisation de pare-brise est certainement plus lourde. D'ailleurs cette solution n'est depuis pas apparue sur le marché. Alors que la solution consistant à reproduire sur la garniture intérieure l'image de l'extérieur a été mise en oeuvre par un constructeur automobile quelques années après qu'elle est apparue dans un groupe de travail, chez un équipementier qui a décidé de ne pas la développer car cela l'aurait entraîné dans des investissements, une direction technologique et des familles de produits qui n'étaient pas en ligne avec sa stratégie.

Cet exemple permet de bien distinguer le raisonnement technique du raisonnement stratégique, si le développement d'une nouvelle technologie de réalisation de pare-brise est potentiellement reconnue lourde par plusieurs acteurs, la solution de caméra et d'écran est évaluée comme non souhaitable stratégiquement par un équipementier, alors qu'elle représente un avantage concurrentiel non négligeable pour un constructeur ayant la sécurité comme engagement stratégique.

ACTIVITÉ DE CONCEPTION : GÉNÉRATION DES SAVOIRS

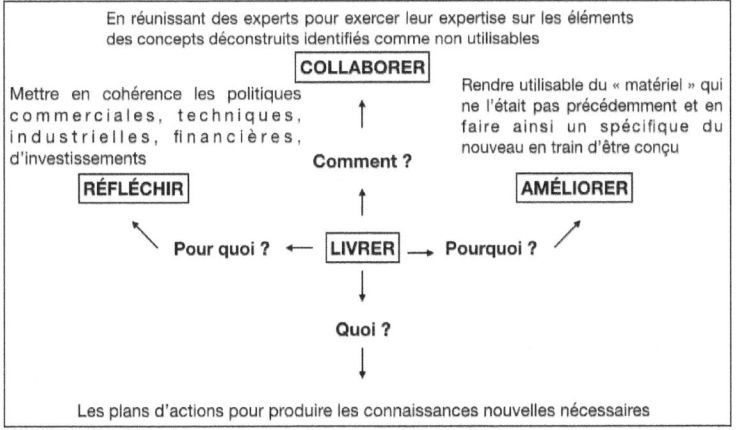

Livrer c'est créer des plans d'actions, qui permettent de produire les connaissances nouvelles pour répondre aux questions sur les faisabilités des éléments « matériel », dont l'activité des savoirs à l'oeuvre a montré qu'elles n'étaient pas acquises. Il s'agit autant de faire un simple essai, ce fut le cas pour s'assurer de la faisabilité du collage l'une sur l'autre de deux pièces en polyoléfines injectées peintes, que dans d'autres cas l'engagement d'un programme de recherche.

Collaborer c'est aussi faire travailler un groupe d'experts, de la même manière que pour l'activité des savoirs à l'oeuvre mais en insistant plus sur le besoin d'expertise dont ne dispose pas obligatoirement l'entreprise. C'est l'occasion de s'ouvrir à d'autres savoirs, ceux des fournisseurs, et pas seulement des fournisseurs habituels, et ceux des laboratoires, des centres techniques ou des universités et grandes écoles. L'orientation est focalisée sur la construction de plans d'action pour produire les connaissances nouvelles nécessaires. C'est l'occasion privilégiée pour bâtir des partenariats et des collaborations et pour élaborer des programmes de recherches ou d'investigations. Les réponses qu'apportent ces plans d'actions, ces collaborations et ces recherches ne sont disponibles que sur le moyen ou le long terme, rarement à court terme. C'est une des raisons pour lesquelles l'activité d'innovation ne peut se raisonner ponctuellement, mais doit être mise en oeuvre de manière continue, et très intégrée aux activités de l'entreprise et à ses processus même si c'est de façon spécifique.

Réfléchir a le même contenu que pour l'activité de conception des savoirs à l'oeuvre, justement parce qu'il s'agit de la dimension stratégique, de la disponibilité et de l'utilisation des connaissances, et de leur mise en oeuvre dans les investissements, installations et produits. Elle est là orientée de manière plus prospective, en harmonie avec le temps intrinsèque à la production de connaissances nouvelles.

Améliorer, c'est rendre potentiellement utilisables des éléments « matériel » qui ne l'étaient pas encore dans l'activité des savoirs à l'oeuvre, et de pouvoir à terme disposer d'éléments plus significativement novateurs.

ACTIVITÉ DE CONCEPTION : SPÉCIFICATION

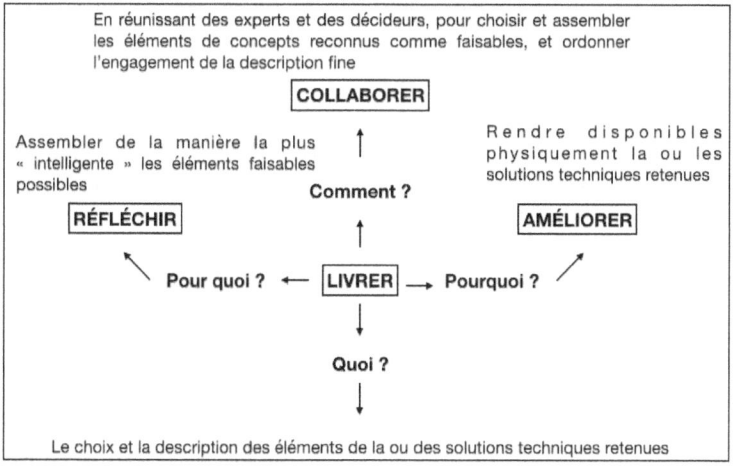

Livrer c'est faire le choix des éléments « matériel » faisables qui constituent la nouveauté conçue et lancer la réalisation de leurs descriptions, celles des éléments et celles de l'assemblage, pour que ceux qui auront à les réaliser puissent le faire pratiquement et concrètement.

Il s'agit de choisir des éléments techniques de solutions, telle fonction de déplacement d'un élément par rapport à une autre est remplie par un vérin hydraulique ou un moteur électrique, par exemple, de réaliser des plans de ces éléments, de la manière dont ils sont assemblés et commandés, mais aussi de la manière dont ils sont fabriqués. Nous sommes dans le domaine des études,

des méthodes, des lancements industriels, des achats, des démarrages en usines. La nouveauté a définitivement retrouvé le chemin des processus usuels de l'entreprise et de ses méthodes usuelles de management et de pilotage de ses opérations.

Collaborer c'est essentiellement décider, choisir des éléments et lancer leur description fine. C'est bien toujours un collège d'experts qui le fera, du niveau de ceux qui usuellement dans l'entreprise décident du lancement des nouveaux produits. La particularité du processus utilisé est d'avoir produit des éléments « matériel » et les conditions de leur faisabilité, d'avoir permis de choisir lesquels il est possible de sélectionner pour réaliser, non pas un seul Nouveau, mais potentiellement des familles de nouveaux produits, dont le développement et la mise sur le marché peuvent s'étaler sur plusieurs années. C'est en cela, en plus du développement des savoir-faire de l'entreprise et des connaissances des experts, que le processus mis en oeuvre est un vecteur de la transformation de l'entreprise.

Réfléchir, c'est imaginer comment choisir et assembler de la manière la plus intelligente possible les éléments du Nouveau, intelligente au regard de ce qui a été dit plus haut, c'est-à-dire de l'opportunité et de la pertinence des nouveaux produits dans le cadre stratégique des évolutions attendues.

Améliorer c'est rendre physiquement disponibles les nouveaux produits.

ACTIVITÉ DE CONCEPTION : AMÉLIORATION

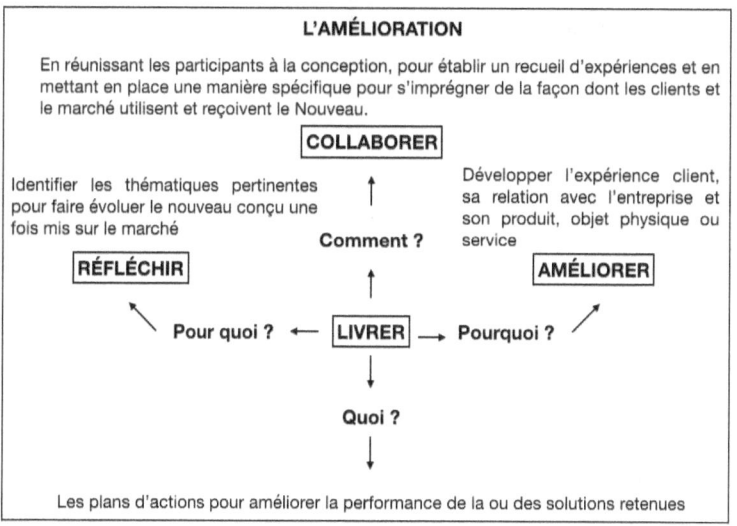

Livrer c'est produire les plans d'action pour améliorer les performances ou la qualité du Nouveau conçu et produit.

La conception est une activité humaine qui peut perdurer tout le temps que l'on juge bon de lui laisser. Pour qu'elle s'arrête, il faut décider de critères d'arrêt et les appliquer de manière stricte. Ce qui laisse toute conception potentiellement inachevée, mais potentiellement suffisamment complète et aboutie pour être en mesure de satisfaire son utilisateur futur, en un mot, le client. C'est aussi une justification du fait qu'il faut mettre le client dans la boucle de conception, et de la démarche agile, qui se préoccupe de tester le plus vite possible des éléments de réalisations autonomes en situations réelles de marchés, pour s'assurer sans avoir à attendre que tout soit fini, que les fonctions à remplir le sont d'une manière telle qu'elles satisfont le client, qui se les appropriera donc d'autant plus facilement.

Collaborer c'est essentiellement permettre au collectif de conception de faire un retour d'expérience sur le projet d'innovation et à cette occasion de formaliser et de lister ce qu'il est intéressant de faire pour améliorer les performances et la qualité du produit. Typiquement si par exemple passer d'une pièce en acier à une pièce en matière plastique permet de gagner 50 % de sa masse, ne vaut-il pas mieux lancer la solution quand le gain est de 45 % que d'attendre deux ans, par exemple, pour disposer des éléments d'un programme de recherche en cours, et gagner les 5% qui restent ?

Réfléchir c'est bien identifier les thématiques qui sont pertinentes en termes de performance et de qualité, pour que l'amélioration du conçu soit utile, en termes de valeur, c'est-à-dire au bénéfice du client et à celui de l'entreprise.

Améliorer c'est être absolument attentif à ce que le client fait du produit, du Nouveau mis sur le marché, de ce qu'il en pense, de ce à quoi cela lui est utile, et des expériences qu'il fait au contact de l'entreprise et de son produit.

Il s'agit là d'une certaine manière de refermer la boucle en enclenchant une imprégnation spécifique à l'univers de ce produit et de ses clients pour alimenter l'activité globale d'imprégnation de l'entreprise.

DE LA VIGILANCE

*Des thématiques auxquelles il est efficace d'être attentif
pour bien conduire la conception du Nouveau*

DU CLIENT AGILE

Une pratique efficace consiste à mettre autant que possible le client en position de concepteur. Il ne s'agit pas de vouloir saisir ainsi ses usages car nous savons que pour la conception du Nouveau cela n'est pas utile. Il s'agit surtout de comprendre les mécanismes fondamentaux qui induisent certains de ses comportements dans des cas d'espèces inexplorés et qui concernent le Nouveau à concevoir. Mais il s'agit aussi de mettre en oeuvre les connaissances qu'il porte dans tout ou partie des activités où elles sont potentiellement utiles.

La difficulté souvent évoquée est celle de l'accès au client. Dans le monde dit du commerce business to business, les clients sont en général connus, mais pourquoi en privilégier un plutôt qu'un autre, puisqu'ils ont certainement chacun leurs pratiques qui n'ont aucune raison d'être semblables.

Dans le monde du commerce dit business to customer les clients sont non seulement nombreux, c'est une chance, mais la plupart du temps inconnus. De manière plus ou moins inconsciente l'entreprise raisonne en général sur le plan marketing et commercial avec un client moyen statistique, au mieux plusieurs, lorsqu'une véritable gamme de produits est proposée. Ce client moyen statistique « marketing » est une catastrophe du point de vue de la conception du Nouveau car non seulement il n'existe pas dans la réalité, mais surtout il ne présente en général aucun signe de la « déviance » porteuse du petit quelque chose, cette différence génératrice de variété, qui mérite de déclencher l'exploration d'une piste nouvelle.

Mettre le client en position de concepteur c'est trouver le moyen astucieux et efficace de faire participer les connaissances qu'il porte au processus de conception.

Quelques remarques pratiques de bon sens.

Il est plus facile de travailler avec les gens avec lesquels on s'entend bien, avec ceux qui sont coopératifs évidemment, à l'occasion d'un jeu ou d'une situation ludique qui permettent de mettre en oeuvre, en désarmant les préventions, une capacité à se projeter dans un futur imaginé. S'il n'est pas obligatoirement facile de faire intervenir « le » client en position de concepteur sur la totalité du processus, certaines activités s'y prêtent assez bien.

Dans un cas particulièrement fouillé et soigné d'une imprégnation profonde et bien documentée un industriel a imaginé rencontrer un des représentants de chacun des acteurs de sa chaîne de prescription pour faire jouer quelques-uns de leurs salariés à un jeu de créativité. Le but n'était pas de produire des concepts utilisables directement en tant que tels dans le processus, mais de mettre en situation les acteurs pour observer et percevoir ce qui était mis en oeuvre comme raisonnements lors des différentes phases de cette activité de créativité, les concepts imaginés représentent d'une certaine manière des « solutions idéales » à ce qui préoccupe le plus ces acteurs lors de l'utilisation des produits

Dans un autre cas, un industriel a choisi des parties des concepts imaginés comme « matériel » pour la suite du processus de conception, pour engager un dialogue de nature ouvertement commerciale avec ses clients.

Au-delà du fait de montrer que l'entreprise travaille sur des innovations, cela permet d'établir une relation commerciale sur d'autres bases et de la penser sur un moyen terme, permettant une coconstruction et pouvant déboucher sur des activités de spécifications dédiées, pour une nouveauté particulière ciblée, spécifiquement pour un client particulier. Il est possible d'imaginer bien d'autres manières de mettre le client dans la boucle du Nouveau en position de concepteur. Il suffit d'y penser, de le vouloir et ensuite de trouver le moyen le plus efficace et le plus pertinent pour le faire.

AGILE AU MARCHÉ

La conduite méthodique et organisée du recueil d'informations via l'activité de conception dite d'imprégnation pourrait laisser croire à tort que tout est connu, et que la conception du Nouveau se fait en environnement connu, faisant abstraction de la nécessaire production de connaissances qui la caractérise.

Nous avons vu que pour qu'une invention matérialisée devienne une innovation, il faut que ceux auxquels elle est destinée se l'approprient par l'usage. Rien ne peut garantir avec certitude cette appropriation puisque par nature le comportement des hommes, même lorsqu'ils agissent en association, par exemple dans le cadre d'une entreprise, reste fondamentalement irrationnel.

Il est donc important de tester le plus rapidement possible ce en quoi le Nouveau en cours de conception excite suffisamment cet irrationnel pour inciter à l'usage préalable à l'appropriation. Et pour cela le plus simple est d'aller vite, le plus vite possible au marché, certains disent même « quick and dirty ». Nous retenons aller vite au marché pour tenir compte du fait qu'un certain degré de parachèvement est à prendre en compte pour certains marchés comme condition intrinsèque de la possibilité de l'usage. Au titre de l'agilité il vaut mieux penser et dire « quick and clean ».

À nouveau, il n'est en la matière aucune règle, si ce n'est l'exercice permanent de l'intelligence de la démarche.

Il est prudent de bien réfléchir à ce qui fait la différenciation concurrentielle du Nouveau proposé, par rapport à des produits analogues ou connexes, ou à l'écart de ce qui existe sur le marché. La réponse du marché n'est jamais prévisible ! Et pas seulement parce que l'acceptation ou le rejet seraient les seules réponses possibles, mais parce que des réponses imprévues peuvent surgir, faisant d'une certaine manière un effet de Nouveau en retour.

Citons par exemple la démarche qui, chez un constructeur automobile, a conduit à imaginer une petite voiture simple, pas chère, drôle de bouille en ciblant les jeunes célibataires. Il s'est rendu compte qu'en fait c'était plutôt une clientèle beaucoup plus âgée qui se reconnaissait dans la singularisation que ce véhicule lui permettait.

Et comme par un effet de répétition, les mêmes équipes marketing imaginent un véhicule familial de milieu de gamme ciblé sur des ménages avec plusieurs enfants et des revenus moyens, et constatent qu'une grande part de la clientèle de ce véhicule est constituée de couples de retraités, séduits par la facilité d'accès et la position de conduite haute du véhicule, perçue comme sécurisante.

Obtenir une information pertinente du marché sur l'appétence potentielle du client pour un nouveau produit, et sa capacité à en envisager l'usage jusqu'à passer à l'acte, est d'autant plus important que les investissements à mettre en oeuvre sont lourds ou le degré de Nouveau important, et plus encore lorsque les deux sont réunis.

Citons le cas d'un constructeur d'engins de chantier qui a développé et mis sur le marché après avoir construit une usine dédiée à sa production, un engin très astucieux, original et performant, mais qui pour tout un tas de raisons, qui ont été analysées ensuite, n'a pas rencontré le marché. Une démarche qui aurait consisté par exemple à construire une petite série d'engins, à les commercialiser d'une manière incitative, aurait pu permettre de sentir en conditions réelles la réaction des professionnels des métiers concernés. Ce qui aurait certainement conduit soit à des évolutions de l'engin, ou de sa cible ou de son processus de vente, soit à un abandon du projet avant industrialisation et investissement dans la production.

Enfin, pensons aussi au cas d'un manufacturier, qui a dépensé beaucoup d'argent pour développer un produit très novateur, et qui une fois la preuve de concept faite et les dépenses de promotion engagées, s'est rendu compte que le concept qu'il pensait extrêmement intéressant et porteur de beaucoup d'avantages pour ses clients, ne les intéressait absolument pas, voire même qu'ils le rejetaient radicalement. C'est aussi dans ce sens qu'il faut analyser un certain nombre d'échecs, soit parce que le client n'est pas encore mûr pour la nouveauté proposée, soit parce que la réalisation qui est faite est encore imparfaite, à cause de la technologie disponible, ou du fait d'un design pas totalement abouti. Chacun trouvera, dans le monde de la micro informatique et des produits mobiles et portables électroniques, l'exemple qui lui conviendra pour illustrer le propos.

Les pratiques de financements participatifs qui se développent et se généralisent en particulier grâce à l'utilisation d'internet, sont une opportunité de tester l'intérêt des clients et constituent une voie crédible pour aller vite au marché et recueillir une réponse réelle, quant à l'irrationalité du rapport au Nouveau proposé.

AGILE POUR CHANGER LE MONDE

Intéressons-nous avec des outils efficaces au terrain de la réalité concrète, à laquelle sont confrontés les chefs d'entreprises dans le développement de leurs activités. Il est légitime pour eux de chercher à utiliser ces outils et à appliquer toutes les méthodes qui leur paraissent efficaces pour produire des innovations. Si elles sont, en tant que telles, porteuses d'un développement commercial et donc certainement d'une augmentation du chiffre d'affaires et des marges, nous avons également vu que le Nouveau qu'elles portent est très intimement connecté à la stratégie de l'entreprise.

Nous savons que cette connexion est tout autant une façon de penser le produit, qu'un rapport réfléchi aux connaissances mises en oeuvre par l'entreprise, et qu'un mode raisonné de relations avec les clients comme individualités ou comme catégories. Nous savons également que pour produire ce Nouveau il nous a fallu faire agir ensemble un collectif d'individus porteurs de connaissances, que nous avons trouvés aussi bien à l'intérieur de l'entreprise, que dans son environnement étendu ou dans le monde parfois disjoint de l'université et des organismes de recherche.

Nous avons noté que le mode de travail interactif de ce groupe d'experts produisait sur les acteurs qui participent au processus un enrichissement à la fois individuel, induisant un développement du respect mutuel, mais aussi collectif, producteur d'une émulation créatrice et d'un esprit de corps, garants et indispensables au succès de la démarche.

Il nous faut maintenant tirer une conséquence inattendue pour le chef d'entreprise qui veut innover pour développer son activité, et qui s'engage dans le processus comme s'il s'agissait simplement de mettre en oeuvre une méthode efficace.

La conception du Nouveau, par sa connexion à la stratégie et par l'impact produit sur les hommes, induit un effet qui se propage comme une réaction en chaîne, la prise de conscience de la capacité à changer. Sa puissance dépasse largement celle qu'il a fallu mettre en oeuvre pour démarrer la démarche d'innovation. En un mot le produit de la généralité qui consiste à penser le Nouveau comme la réponse aux changements du monde, n'est pas seulement le Nouveau lui-même, mais par la manière dont les hommes ont été amenés à le produire, la capacité qu'ils se donnent à changer le monde. Le constat d'expérience est vite fait et se résume simplement, ils n'ont plus peur de rien.

Le coté positif et optimiste de ce constat est à mettre en rapport avec le fait, également d'expérience, que face à cette prise de conscience de la capacité à faire Nouveau et de la puissance que son savoir-faire donne, c'est maintenant le chef d'entreprise qui souvent prend peur et craint que, ne pouvant maîtriser la réaction en chaîne, la dynamique ne lui échappe ! Dans la pratique, une excellente manière de conjurer cette crainte, sans avoir à tout stopper et à se satisfaire d'avoir échappé à une angoisse rétrospective, est d'anticiper cet effet induit, pour en maîtriser la puissance et la diriger dans une direction cohérente avec la démarche stratégique de l'entreprise et la manière de l'élaborer et d'en conduire l'application. Il est donc plus efficace d'admettre à priori que, lancer une démarche d'innovation bien conduite, va dynamiser et potentialiser les énergies des individus qui n'auront plus peur d'explorer l'inconnu, dont ils sauront trouver les éléments pour produire le Nouveau, et que cette énergie sert à une transformation bien conduite du vivant que constitue l'entreprise.

Cela doit effectivement conduire le chef d'entreprise à adopter l'attitude qui consiste à donner de l'autonomie et des responsabilités, à faire confiance à la qualité du ciment que constitue pour le groupe et les salariés cette capacité à faire Nouveau ensemble.

UN PROCESSUS DE CONCEPTION AGILE

Il est dans la pratique nécessaire et parfois difficile de laisser se développer un vrai processus de conception du Nouveau. Un processus de pilotage, soit maladroit soit intrusif, peut vite tuer le poussin dans l'oeuf.

Mais que la doxa est sécurisante ! Et surtout quand elle sert d'assise à la justification de l'obtention de financements par les pouvoirs publics. Le chef d'entreprise est légitime, pense-t-il, pour engager une démarche qui ainsi labellisée et soutenue, ne doit pas faire courir grand risque à la belle mécanique horlogère que constitue son entreprise, tout en lui assurant des produits nouveaux, porteurs de chiffre d'affaires et de marges supplémentaires sans risques financiers exagérés.

Produire des idées est sécurisant, en transformant les salariés momentanément et ponctuellement en « génies créateurs » potentiels, qui peuvent ainsi se trouver valorisés. Sécurisant toujours, car cette activité peut être provisoire, ponctuelle et momentanément additionnelle. Sécurisant donc, car ne générant pas d'organisations nouvelles, pas de changements majeurs dans les pratiques, pas de transformations profondes des savoir-faire ni des investissements industriels, tout en assurant la conformité aux bonnes pratiques reconnues et financées par la puissance publique.

Pas de changement, risques maîtrisés, pratiques convenues et conformes, bénéfices attendus.

Il ne sert à rien de combattre, il faut laisser faire, car tant que le chef d'entreprise n'aura pas essayé et constaté qu'en définitive cela lui aura coûté bien plus qu'il n'imaginait et que cela n'aura rien produit, il ne sera pas enclin à écouter une voix qui lui paraît discordante par rapport au « convenu » qu'il connaît, maintenant pratiqué et sur lequel il échange avec ses pairs.

La pratique montre que pour réussir il faut réunir quatre conditions :
- faire accepter de travailler sur un cas précis et concret.
- faire accepter le principe d'un collectif de conception.
- définir un horizon temporel borné, précis et plutôt à court terme pour des résultats concrets.
- faire en sorte que cela ne coûte pas trop cher, par exemple en intervenant sous forme de formation action qui peut être prise en charge par les dispositifs de formations connus de l'entreprise.

Cela permet, au moins au début, de donner le sentiment que l'opération est limitée et bien cernée, et que même si la méthode utilisée est inconnue, le risque est limité, sur le plan managérial et organisationnel puisque seul un petit nombre de personnes y aura participé et sur le plan financier puisqu'une grande partie aura été financée par la formation professionnelle.

Dans la pratique, lorsque l'innovation est produite et que ses bénéfices sont visibles, les changements dans le comportement des hommes ne le sont pas encore. Et le succès donne envie de recommencer ! Les bénéfices en termes d'efficacité du comportement collectif, et les évolutions des modes de fonctionnement et des processus, pour laisser entrer et faire un peu de place aux spécificités de la conception du Nouveau, n'apparaîtront que plus tard.

En prenant le temps et en appuyant la démarche, d'une part sur la capacité réelle à produire du Nouveau concret et palpable, et, d'autre part sur le changement avéré et perceptible du comportement des acteurs, aussi bien sur le plan individuel que collectif, le chef d'entreprise et le management de l'entreprise comprennent vite le bénéfice qu'il leur est possible de tirer d'une telle dynamique pour impulser changements et transformations.

Laisser se développer un vrai processus de conception du Nouveau, c'est accepter, par la confiance dans la capacité à atteindre un résultat d'un collectif d'acteurs motivés et engagés, que ne soit pas connu à l'avance et décrit au préalable ce qui est fait pour explorer l'inconnu dont est issu le Nouveau. La démarche de conception ne peut être décrite qu'a posteriori. S'incluant, ponctuellement mais activement et efficacement dans le processus, le chef d'entreprise participe au développement de l'effet induit du fonctionnement collectif déjà décrit, et tout en le nourrissant, il agit en tant que pilote de la transformation.

Si l'entrée dans la démarche n'est pas naturelle et souvent difficile, pour les chefs d'entreprises et les managers qui s'en emparent, elle constitue le moyen efficace, pertinent et sûr, de piloter une transformation voulue, produisant des effets concrets, en développant un faire ensemble spécifique des équipes, qui garantit à la fois des progressions individuelles et un renforcement du collectif.

DES CONCEPTEURS AGILES

La pratique montre que le Nouveau est très rarement directement issu de la recherche. Et il ne faut pas s'en étonner ! Car le but de la recherche n'est pas de trouver, son rôle est de produire des connaissances. Nous avons vu que cette activité de production de connaissances est une activité de conception importante qui lorsqu'elle concerne des connaissances qui n'existent nulle part dans le monde, est bien une activité de recherche au sens pur. La recherche ne fournit pas d'innovations qu'il ne resterait plus qu'à développer mais produit des connaissances indépendamment de leur utilisation potentielle, jamais garantie et parfois improbable, sauf si ce sont les entreprises qui indiquent les sujets et les thèmes sur lesquels elles en ont besoin.

Rappelons que la créativité n'est qu'une activité de conception parmi d'autres, et nous savons même que c'est celle par laquelle il ne faut surtout pas commencer ! Et nous savons également qu'il est possible, par une petite démarche qui fait appel à quelques processus cognitifs bien connus, de faire produire des concepts au cours de l'activité de créativité, sans postuler la nécessité absolue de devoir disposer pour celle-ci de personnes ayant des compétences spéciales.

Ce qui a le mérite de permettre à n'importe qui de participer au collectif de conception ! Saisissons cette opportunité pour mettre tous les membres de l'entreprise et de son environnement étendu en position de concepteurs. C'est particulièrement important pour des fonctions de l'entreprise qui ne sont pas naturellement mentalement associées à l'activité de conception des produits, celle-ci étant considérée comme une activité « technique ».

Il faut particulièrement penser aux commerciaux, médiateurs privilégiés par lesquels se crée la valeur, dans le processus de reconnaissance d'équivalence entre le signe et la chose dans l'échange. L'absence d'un commercial ou à défaut d'un homme de marketing (les deux sont utiles et complémentaires) dans un collectif de conception d'innovation est un signe précurseur d'un dysfonctionnement qui, s'il n'est pas corrigé, permet de manière anticipée de diagnostiquer une cause certaine d'échec futur du collectif ou de sa production.

Concevoir un produit comme une nouveauté nécessite la connaissance des clients et de leurs comportements même si cela concerne des produits différents et dans un univers connexe, mais nécessite aussi simultanément, sous peine d'échec, de concevoir la démarche de vente du nouveau produit, démarche dont la conception est également une production de nouveauté.

Pensons aussi aux spécialistes des achats dont on voudrait souvent bien cantonner le rôle à celui de fins négociateurs, connaissant toutes les astuces et moyens pour faire baisser les prix coûte que coûte, même parfois au prix de la qualité. C'est méconnaître le fait que le vrai rôle des achats dans une entreprise, est de lui procurer les connaissances et savoir-faire qu'elle n'a pas ou pas en quantité suffisante, et dont elle a besoin, au meilleur prix. Dans le processus de conception du Nouveau, le rôle des achats est particulièrement important car il s'agit souvent de se procurer des compétences disponibles sur le marché mais pas disponibles dans l'entreprise, au travers de ses fournisseurs, ou auxquelles elle n'a pas du tout accès car disponibles chez des fournisseurs qui ne sont pas les siens et avec lesquels elle n'est pas en contact.

Les acheteurs doivent non seulement explorer les domaines d'activités de leurs fournisseurs habituels, auxquels ils ne font pas usuellement appel voire dont ils ne connaissent pas les spécificités, mais ils doivent aussi entrer en contact avec des fournisseurs qui ne sont pas les leurs. Ce faisant ils mettent le nez à la fenêtre de leur panel fournisseurs et peuvent ainsi, selon les entreprises, se mettre en délicatesse avec les procédures d'achats pratiquées.

Troisième exemple de l'intérêt de mettre n'importe quel acteur de l'entreprise en position de concepteur, celui des spécialistes du recrutement et de la formation. Se procurer des connaissances peut être l'occasion de faire de la recherche, de construire une relation avec un fournisseur, de conduire un programme d'expérimentation en interne, mais peut aussi se faire en recrutant un spécialiste ou en formant un membre de l'entreprise. La connexion de la conception du Nouveau à la stratégie, du point de vue de son élaboration comme du pilotage de sa mise en oeuvre, implique de prendre en compte la trajectoire d'évolution souhaitée des compétences, savoir faire et connaissances disponibles et utilisés dans l'entreprise.

Nous pouvons dire la même chose pour les spécialistes des méthodes face à la nécessité d'utiliser de nouveaux équipements et d'investir dans de nouvelles technologies. Tout comme pour la maintenance qui doit faire face à de nouvelles machines et à de nouveaux équipements. Ou pour l'informatique qui au-delà de l'utilisation de nouveaux outils, ou de nouveaux matériels est confrontée à des besoins nouveaux, en méthodologie de simulation, de modélisation ou en techniques de calcul.

Cette capacité d'intégration renforce l'aspect collectif de cette conception du Nouveau, la participation des uns ou des autres au groupe se faisant de manière continue ou ponctuelle selon les besoins, la souplesse et l'adaptation étant gages d'efficacité et de réussite.

La diffusion et l'aura de la participation provoquent pour les concepteurs et l'entreprise un effet d'entraînement vers la conception du Nouveau.

DE L'INCOMPLÉTUDE

Mettre potentiellement chaque membre de l'entreprise en position de concepteur c'est donc le considérer comme porteur de connaissances, dans un domaine ou un autre, et à ce titre lui faire jouer le rôle d'expert.

Nous abordons deux incomplétudes qui sont tout à fait fondamentales au sens ou rien théoriquement ne permet ni de s'en prémunir ni d'en mesurer l'étendue. La première est l'incomplétude des expertises présentes et la deuxième celle du questionnement que les expertises ont permis d'établir. L'incomplétude des expertises présentes caractérise le fait qu'il est totalement impossible de savoir si toutes les compétences nécessaires à l'examen d'un sujet sont réunies ou pas. C'est particulièrement vrai pour l'activité de conception des savoirs à l'oeuvre.

Il est utile de distinguer deux niveaux de réflexion, savons nous ou ne savons nous pas, que nous avons la connaissance ou que nous ne l'avons pas, pour répondre à chacune des questions posées lors de cette activité. Il est ainsi possible de distinguer trois situations aux conséquences différentes, le faux négatif, le faux positif et l'insuffisance des connaissances.

Illustrons par un schéma page suivante.

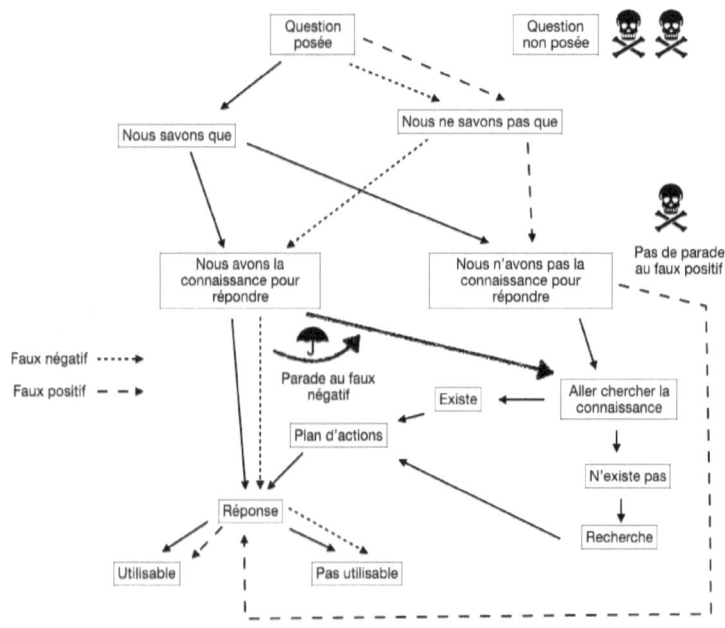

Si le cas du faux négatif n'est pas dramatique, puisqu'il suffit que le collectif juge « nous ne savons pas », sous réserve de l'humilité devant leurs savoirs des experts présents, pour que des plans d'actions soient construits pour répondre, entraînant une dépense de temps, d'argent et d'énergie inutile, si la connaissance permettant de répondre existait déjà ailleurs.

Le cas du faux positif est beaucoup plus ennuyeux, car le collectif a émis un avis quant à l'utilisation possible d'un élément, sans avoir à sa disposition les connaissances pertinentes et utiles pour ce faire. Il fait donc prendre un risque à l'entreprise, un vrai risque au sens où nous l'avons identifié et qualifié, sans que soit mise en oeuvre la nécessaire construction d'un plan B pour pallier les effets de ce risque, non connu dans ce cas et dont les conséquences n'ont a fortiori pas été évaluées.

Le troisième cas est encore plus dangereux et il correspond à la deuxième incomplétude, celle du questionnement. C'est le cas où les connaissances présentes, au travers des experts réunis dans le groupe de conception, ne sont pas suffisantes pour poser toutes les questions qui doivent l'être. La chaîne logique des conséquences est simple, puisque les questions n'ont pas été posées, il n'y sera pas répondu et donc du point de vue des faisabilités aucun verdict n'aura été prononcé quant à la capacité à utiliser ou pas l'élément concerné. Et s'il l'est, les risques pris n'auront pas été évalués, pas plus que leurs conséquences. C'est de loin la situation la plus dangereuse, et probablement dans beaucoup de cas la plus fréquente !

L'entreprise utilise un élément dont elle ne sait rien quant à la possibilité de son fonctionnement pertinent dans le cas d'espèce, mais en plus elle le fait sans en connaître les risques et sans avoir eu la possibilité de mettre en oeuvre des mesures pour se prémunir des conséquences. Si nous disons que c'est probablement le cas le plus fréquent, c'est que c'est le cas qui correspond à une conception du Nouveau sans méthodologie appropriée et dans lequel il est plus aisé de juger a priori que ça doit fonctionner, sans se prévaloir d'une analyse critique à l'aune des connaissances d'un large panel d'experts compétents.

Comment se prémunir contre ces deux incomplétudes ? Le moyen est le même pour les deux et il n'est pas très satisfaisant intellectuellement mais il n'en existe pas d'autre. Le plus simple est l'abondance !
Abondance d'experts plus qu'il n'est raisonnablement nécessaire, en espérant que la largeur du champ des expertises et des connaissances présentes, à défaut de recouvrir parfaitement celui de celles qui seraient nécessaires, est en fait au moins suffisamment large et connexe pour donner à apercevoir celles qui manquent. Les connaissances étant ainsi identifiées, même de loin et de manière floue, il est possible de se les procurer pour compléter le panel présent et reprendre l'exercice.
Abondance de questions, mais la limite est impossible à anticiper, afin que de questions en questions, il ne soit laissé aucun domaine important sans investigations. De la même manière que pour la première incomplétude il faut rechercher les connaissances nécessaires pour agrandir de manière pertinente le cercle du questionnement.

DU COLLECTIF

Il s'agit d'identifier, de faire apparaître, les désaccords entre participants, désaccords révélateurs de points de vue différents, qui ne sont que l'expression apparente de raisonnements sous-jacents qui appartiennent en propre à chacun des protagonistes en désaccord.

Cela permet, après l'identification la plus formelle possible du désaccord et une reformulation largement partagée, de faire exprimer de la manière la plus précise et la plus claire possible, les raisonnements sous-jacents et les arguments qui du point de vue de chacun les soutiennent. Il est possible ensuite d'autoriser un examen public, attentif, précis, et lui aussi contradictoire des arguments exposés et des connaissances qui les justifient, du point de vue de chaque contradicteur d'une part, et de celui du collectif d'autre part et simultanément.

Car c'est bien l'examen contradictoire des arguments et des connaissances qui les justifient, qui conduit les acteurs du débat, soit à reconnaître les arguments comme valides, soit à les rejeter, en posant et formalisant les causes de ce rejet.

Si la démarche est simple à exposer dans son principe, elle demande quelques précautions dans sa mise en oeuvre. La première est de limiter la taille du collectif permanent à six ou dix personnes au maximum, le nombre des interactions potentielles croissant de manière exponentielle. Au-delà l'animateur risque de ne pouvoir ni gérer ni faire assumer au groupe son fonctionnement qui deviendra de plus en plus anarchique.

Il ne s'agit pas de limiter le groupe par principe, ce qui est contraire à tout ce que nous avons dit, du point de vue des incomplétudes, de la nécessité de disposer d'une variété de connaissances et de la possibilité de mettre tous les acteurs de l'entreprise en position de concepteurs. Il s'agit juste de rendre le groupe de travail momentanément pilotable et gérable. Le plus simple est d'en restreindre le nombre de participants ponctuellement, ce qui veut dire traiter les sujets thème par thème et faire appel à des connaissances additionnelles précisément et localement, sur des problématiques de mieux en mieux identifiées et sériées. Cela demande un peu de pratique et d'organisation mais c'est d'autant plus efficace et mieux apprécié, que cela permet à des experts pointus de ne pas participer à une multitude de séances, parfois longues pour des interventions pertinentes, ponctuelles et courtes au regard de la spécificité de leur expertise.

La deuxième précaution est de traiter toutes les contradictions de manière exhaustive et complète, de ne pas laisser un sujet en l'air, et d'aller au fond d'une contradiction même si elle apparaît comme superficielle ou d'importance moindre.

Le collectif est l'opportunité de la présence d'une variété nécessaire de connaissances, il est l'occasion pour les uns de se frotter aux autres et de s'y enrichir, individuellement et collectivement, par le développement de la pratique d'un mieux faire ensemble. Il est aussi et surtout le lieu d'un contradictoire organisé et rigoureux, source de coconstruction de raisonnements partagés et argumentés.

DE LA VALSE À QUATRE TEMPS

La valse à quatre temps permet de faire travailler un collectif pour construire des concepts à partir de couples de notions antagonistes. L'exercice permet aux participants de toucher du doigt qu'il ne s'agit pas de produire des idées par un procédé magique mais de construire en mettant en oeuvre des processus cognitifs dans l'interaction d'un fonctionnement collectif. L'exercice permet également de débarrasser les participants de la tendance à l'attachement instinctif aux idées que chacun a produites et à leur paternité au profit d'une reconnaissance collective et d'une appropriation par leur enrichissement partagé des concepts produits. Dans la pratique le fonctionnement est assez ludique et simple. Les thématiques pour travailler sont issues des activités d'imprégnation, du dessein et du portrait-robot.

Le premier temps de la valse, appelé l'Envol, a pour but de préparer mentalement le collectif de conception, en forçant les participants à prendre de la hauteur par rapport au sujet, et à se détacher des manières de raisonner qui ont été utilisées lors des activités précédentes. L'animateur fait preuve d'un peu de réflexion, d'imagination et de créativité pour trouver une thématique qui sert de support pour cette phase. L'utilisation de cette thématique permet de préparer les participants à la pratique des couples antagonistes. Par exemple, dans une entreprise concevant et fabriquant des parties vitrées d'ouvrants de carrosserie pour l'industrie automobile, c'est le thème des philosophes grecs qui a été choisi pour faire travailler le groupe autour des éléments utilisés à l'époque pour modéliser le monde, terre, air, eau, feu, pour leur permettre de manipuler, dur-mou, sec-humide, froid-chaud, lumineux-obscur, sans référence à leur univers du connu (voir le développement de l'exemple illustrant le temps 1 de la valse). Cette phase doit occuper le groupe entre un quart d'heure et une demi-heure.

Pour le deuxième temps de la valse, appelé le Pas de Deux, le collectif est séparé en deux sous-groupes, chacun dans une salle distincte pour pouvoir interagir sans gêner les participants de l'autre groupe. Un thème et un point de vue sont imposés à chaque sous-groupe.

Plus le sujet est général et complexe, plus il faut multiplier les sous-groupes et donc la population du collectif global. L'exercice a néanmoins une limite qui tient à la capacité du ou des animateurs à manager les interactions du collectif, pour être sûr qu'elles existent et qu'elles soient positives et pour que le travail en commun ne tourne pas à la pagaille ou au monopole de la parole par certains.

Par exemple pour un sujet complexe, réunir un groupe de 30 personnes, réparties sur trois séances en groupe de 10 personnes, permet de créer à chaque fois 2 sous-groupes de 5 personnes. Au-delà cela semble déraisonnable. Il est donné à chaque sous-groupe un thème de travail, choisi par l'animateur à partir du dessein et du portrait-robot, ainsi qu'un point de vue, élément d'un des couples antagonistes choisis.Il est demandé à chacun des deux sous-groupes de :

- produire rapidement et sans trop réfléchir 5 concepts au moins, l'expérience montre qu'en 15 à 20 minutes c'est possible et qu'en général c'est largement suffisant. Laisser le groupe produire beaucoup de concepts est possible avec le risque et l'écueil ensuite de ne pas avoir le temps ou la possibilité de les exploiter à fond. La pratique montre que souvent l'expression est individuelle et que cette phase peut ressembler à un brain storming classique.
- reprendre collectivement chacun des concepts pour les enrichir et les argumenter. En 15 à 20 minutes par concept, le groupe est en général assez préparé pour qu'à partir d'idées exprimées au point précédent, un peu de chair soit mise autour des concepts pour illustrer, donner des éléments de matérialité, rendre crédible ou opérant ce qui réellement à ce stade commence à tenir debout, au moins en tant que proto description d'un possible.
- illustrer et préparer quelques éléments de présentation un peu formalisée des concepts. Cinq à 10 minutes par concept suffisent.

Le troisième temps de la valse, appelé le Face à Face, permet de réunir les deux sous-groupes pour reconstituer le collectif de conception dans son ensemble et pour demander à chacun des deux sous-groupes de :

- présenter un de ces concepts du point de vue du sous-groupe qui l'a produit, disons du point de vue 1 (un des éléments d'un couple antagoniste).

- présenter un des concepts les plus connexes produit par l'autre groupe, donc du point de vue que nous nommons 2 et qui correspond à l'autre terme du couple antagoniste. C'est le choix des thèmes et la pertinence des couples antagonistes qui permet de rendre cohérent le travail des deux sous-groupes, sans avoir à piloter ou à interagir pour garantir cette cohérence. L'observation la plus fréquente, signe que le travail préparatoire a été efficace, est le constat de la construction automatique d'une cohérence spécifique au collectif, à l'entreprise, au type de produit ou de problématique à traiter, voire au secteur d'activité dans lequel l'entreprise intervient.

- organiser les débats entre les deux sous-groupes pour construire ensemble à partir des concepts présentés et des points de vue adoptés, un concept frontière qui réunisse, quitte à ce qu'ils aient été modifiés dans l'opération par le collectif, les éléments des concepts de départ, mais qui surtout matérialise le couple antagoniste comme un ensemble reconnu à ce titre par le groupe.

Le quatrième temps de la valse, appelé Métamorphose, est celui pendant lequel le groupe constituant le collectif de conception doit :

- déconstruire chacun des concepts frontières élaborés au temps précédent pour en identifier les morceaux cohérents et homogènes.

- affecter ces morceaux à des catégories qui doivent être imaginées comme justement reflétant les éléments notables des cohérences et homogénéités repérées.

- enrichir ces catégories en nouveaux éléments leur appartenant incontestablement bien, et constituant ainsi de nouveaux morceaux pour des assemblages futurs.

(Voir l'exemple illustrant le temps 4 de la valse)

Ce dernier temps est celui pendant lequel est réellement produite la plus grande variété possible des morceaux utilisés pour la conception du Nouveau.

DE LA VARIÉTÉ

Avant de conclure, nous ne pouvons terminer ce tour d'horizon des points auxquels il est important d'être attentif dans la pratique, sans parler du rôle central et majeur de la variété. Nous pouvons aussi synthétiser la méthode proposée par le schéma suivant.

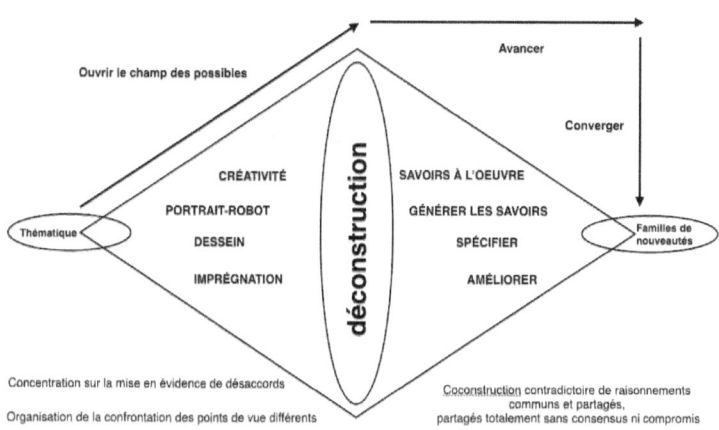

Ceci permet d'entrevoir le processus de conception du Nouveau comme un processus analogue à la sélection naturelle ! En effet il ne faut pas oublier que ce que l'on décrit usuellement en le nommant sélection naturelle est un processus qui commence par générer de la variété, condition essentielle pour la possibilité d'une sélection.

Pour revenir dans notre monde de la conception et de celle du Nouveau en particulier, négliger cette phase de génération de variété, comme ouverture du champ des possibles est une erreur.

Nous avons vu comment l'étape de la déconstruction représentée sur le schéma, qui n'est pas une activité de conception en soi, permettait de disposer d'une collection vaste de morceaux pertinents, pour engager la suite du processus de conception, analogue à une sélection proprement dite. Ces morceaux sont pertinents car leur choix n'a pas été fait au hasard et sur la base d'une démarche plus ou moins inspirée, mais en mettant en oeuvre de manière méthodique et raisonnée des activités de conception qui nous ont conduits à nous informer, à nous connecter à la stratégie de l'entité conceptrice, à définir la solution idéale de manière indépendante des réalisations techniques et particulières et enfin à produire des concepts que nous avons réduits en morceaux lors de la déconstruction. Cette variété est formelle, voulue, construite et présente.

Mais ce n'est pas la seule à prendre en compte pour l'efficacité du processus. Nous avons vu que cette variété était aussi à l'oeuvre pour les connaissances dont nous avons souhaité disposer, à la fois pour élargir le champ des outils, raisonnements et arguments disponibles, mais aussi pour tenter de lutter contre l'incomplétude intrinsèque au Nouveau, au regard des connaissances indispensables. Mais plus au fond il nous faut insister sur la nécessité d'admettre aussi, et presque surtout, une variété des points de vue, des comportements et des caractères, des individus, porteurs de connaissances, qui participent au processus de conception du Nouveau.

Il ne s'agit pas simplement d'une diversité de formations, de compétences, de parcours professionnels ou d'expériences mais bien d'une variété d'individus, permettant de disposer de points de vue, de visions du monde et de manières de le penser et de l'appréhender, aussi différents et nombreux que possible.

DE CONCLURE

S'il paraît simple pour innover de produire des idées, d'en sélectionner une pour développer un nouveau produit qu'il faudra ensuite vendre, cette pratique n'est pas efficace.

Gagner en efficacité c'est innover agile, pour faire apparaître progressivement le processus de conception du Nouveau. Les acteurs de l'entreprise l'activent collectivement pour livrer au client le produit qu'il s'approprie, l'innovation. C'est le fruit d'une réflexion construite et organisée, autour de ce qu'il est pertinent d'améliorer, pour l'entreprise et ses clients, la valeur.

Cette démarche associe une méthodologie pour innover et un mode de pilotage agile, étroitement imbriqués l'un dans l'autre par une technique particulière d'animation du travail collectif.

La méthodologie identifie neuf activités de conception dont l'activation permet d'explorer l'inconnu, en rassurant les hommes qui s'y emploient et ne disposent pour ce faire que des connaissances qu'ils possèdent.

Le mode de pilotage garantit que chaque pas sur le chemin parcouru est assuré, bien que le chemin lui-même ne soit pas connu, que chaque boucle est productive sans être un retour en arrière, et que la nécessité du changement est prise en compte à chaque fois qu'elle apparaît.

La technique d'animation du travail collectif fait produire des raisonnements coconstruits et argumentés, à partir de l'opposition méthodique et constructive d'une grande variété de points de vue contradictoires.

Les outils décrits et les gestes pour leur utilisation permettent aux hommes qui conçoivent le Nouveau de le faire en confiance en eux-mêmes, mais aussi dans le collectif qu'ensemble ils constituent, et de les guider dans la nécessaire production des connaissances nouvelles qu'implique l'innovation.

Cela permet d'assurer la faisabilité des solutions possibles aux problématiques posées et ainsi d'évaluer et de maîtriser les risques inhérents au Nouveau en réduisant l'inconnu.

La coconstruction n'est pas qu'une manière efficace d'animer, elle produit un effet de renforcement du collectif et favorise l'accomplissement personnel des individus qui y participent.

Piloter agile permet de passer d'une activité à une autre pour ainsi construire petit à petit le cheminement qui mènera au but. Il s'agit de remplacer le cycle prévoir-agir-contrôler-ajuster provenant de l'univers de la qualité, par un rituel de raisonnement plus approprié à la navigation dans l'inconnu, collaborer-livrer-réfléchir-améliorer, dont le contenu et les thématiques ont été décrits pour chaque activité de conception.

La dimension stratégique de l'acte d'innover et la spécificité de sa mise en oeuvre induisent un rapport au temps qu'il est indispensable de bien avoir à l'esprit pour une pensée juste de l'action. Agir aujourd'hui c'est permettre qu'un futur souhaité advienne, ne pas le faire impose de devoir le subir.

Mais c'est un mouvement à trois temps, car agir aujourd'hui se fait à partir de l'observation du monde d'hier qui a produit le plan d'action en cours, dont les effets se produiront demain, dans un monde dont on aura anticipé aujourd'hui ce que l'on souhaite qu'il soit demain, pour agir afin que ce futur advienne.

La conduite de projet d'innovation n'est pas une activité hors sol dans l'entreprise, elle s'intègre progressivement aux processus usuels de l'entreprise sans pour autant négliger de réaliser tout ce qui est nécessaire et spécifique du point de vue de la conception du Nouveau.

Innover agile c'est en somme accepter le changement comme un phénomène naturel, dont il est plus facile et plus efficace d'utiliser volontairement la dynamique, que de tenter d'y opposer une inertie en apparence protectrice.

La difficulté n'est qu'apparente si on comprend qu'elle est inhérente au fonctionnement collectif des sociétés humaines confrontées à l'inconnu et qu'il n'est possible de rendre simple que ce qui est bien connu et bien maîtrisé. Ce sera aussi le cas lorsque les hommes formés et entraînés au maniement des outils décrits, auront acquis la maîtrise des gestes spécifiques par la production effective d'innovation. Mais au-delà de l'acquisition de la maîtrise de la conception du Nouveau pour innover, les hommes concernés auront acquis une immense confiance en eux et dans le collectif qu'ils constituent.

Cette confiance les rend capables d'agir sur le monde en conscience et de relever les défis indispensables à la fois pour conduire les changements des entreprises dans lesquelles ils agissent, mais également pour changer le monde.

EXEMPLE ILLUSTRANT LE TEMPS 1 DE LA VALSE

L'équipementier concerné fabrique des éléments de carrosserie comportant des ouvrants dont certaines versions peuvent être vitrées.

Il s'agit de sortir les participants de leurs habitudes de pensée tout en les amenant à un niveau plus général de réflexion, sans leur faire perdre les fondamentaux de leur contexte, ou même parfois, de leur permettre de se les remémorer.

Il est rappelé comment les philosophes grecs imaginaient la constitution du monde à partir de 4 éléments, le feu, la terre, l'eau et l'air, comment Aristote proposait que ce soit les proportions de ces 4 éléments qui déterminent les propriétés d'un corps à partir de 4 qualités élémentaires, le froid et le chaud, le sec et l'humide.

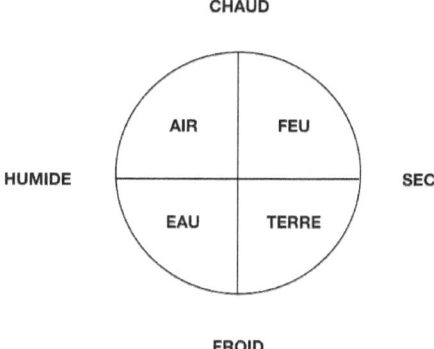

Ensuite les participants se voient proposer un ensemble de petits bouts de papier pliés en 4 sur chacun desquels figure un nom de fruits, légumes, épices et autres ingrédients alimentaires. Chaque participant prend un papier, réfléchit à ce que lui évoque son contenu du point de vue des éléments et des qualités, pour ensuite le positionner sur un diagramme en commentant son choix.

L'essentiel est que les participants utilisent en dehors de leur contexte habituel les notions que pourtant ils manipulent plus ou moins inconsciemment dans leur travail de tous les jours. Les flux d'air et de lumière, la poussière, la chaleur et les variations de température par exemple.

Mais aussi qu'ils arrivent à les penser dans un référentiel conceptuel de couples antagonistes (Voir schéma précédent illustrant les éléments et les qualités selon les philosophes grecs).

EXEMPLE ILLUSTRANT LE TEMPS 4 DE LA VALSE

Le propriétaire du restaurant Chez Sergio, qui sert une cuisine traditionnelle, embauche un jeune chef afin de revisiter sa cuisine pour booster son commerce. Il décide de s'attaquer à la spécialité du restaurant, la blanquette de veau. Le chef réunit son équipe pour la faire travailler autour de ce thème. Il commence par lui proposer de prendre comme point de départ sa référence, la recette figurant dans l'édition 1929 par Larousse de La Bonne Cuisine de Madame Saint Ange.

Le jeu consiste à identifier les composants du plat, les ingrédients, les préparations, les proportions puis à les ranger dans des catégories dans lesquelles il faudra ensuite trouver de nouveaux éléments, qui permettent de proposer une recette de blanquette revisitée mais conforme à l'esprit initial.

Faisons observer aux participants qu'il est possible de distinguer :
- les préparations préalables
- la cuisson de la viande
- la préparation de la sauce
- la préparation du plat

En synthèse la blanquette est décrite comme une viande bouillie, avec une sauce constituée d'un roux blanc délayé à l'eau de cuisson de la viande, et liée à l'oeuf, accompagnée de champignons et de petits oignons.

En remontant à un degré supérieur de généralité, chaque plat est composé :

- d'un décor
- d'un dressage
- de composants

Pour revenir à la blanquette revisitée, elle peut se faire en maintenant le concept (viande bouillie, sauce liée à partir de l'eau de cuisson de la viande, accompagnement de champignons et de petits oignons) ou en l'élargissant et faisant varier les ingrédients et les modes de préparation.

Essayons de jouer maintenant que nous connaissons la musique, ce qui veut dire que rien n'est automatique et encore moins algorithmique puisqu'il faut juger si le résultat est satisfaisant pour le goût.

Un groupe auquel l'exercice a été proposé a retenu une blanquette exotique de poisson :

- poisson bouilli dans un bouillon (dont la composition à ce stade reste à préciser)
- sauce liée à base de jus de pamplemousse et de lait de coco (le type de liaison reste à déterminer)
- accompagnement de petits légumes des îles (à préciser également)

Mais il est possible d'aller encore plus loin si besoin est en remarquant que poissons et viandes sont des protéines.

Il aurait donc été possible d'imaginer une blanquette végétarienne (qui existe peut-être déjà !) par exemple en cuisant soit à la vapeur soit dans l'eau bouillante des boulettes de protéines végétales de diverses origines.

La recette peut aussi être revisitée d'une autre manière en disant par exemple que le mode de préparation des protéines à l'eau n'est pas suffisamment générateur de saveurs et en le remplaçant par une friture ou un autre mode de cuisson (braiser, rôtir, etc).

Le concept générique de la blanquette devient alors, protéines cuites, sauce liée réalisée à partir des résidus de la cuisson des protéines, accompagnement de petits légumes.

Il n'y a aucune raison pour qu'il y ait une solution unique, tout concept générique établi à partir d'un autre raisonnement, s'il est formalisable et partageable, peut être compris et utilisé.

Un chef pourrait par exemple demander à ses équipes de travailler à partir de contrastes entre l'onctueux et l'acidulé, entre le fondant un peu sucré et le croquant un peu piquant.

Peu importe, puisqu'au final quels que soient les critères utilisés, la déconstruction conduit à produire des catégories à partir des éléments identifiés pour ensuite enrichir ces catégories d'éléments nouveaux qui n'y figuraient pas initialement et ainsi faire Nouveau.

TABLE DES MATIÈRES

Préambule	3
Introduction	7
Du fond	13
De l'imprégnation	15
De l'innovation	23
De l'inconnu	27
Du dessein	33
De l'intelligence	43
De l'audace	49
Du portrait-robot	63
De la créativité	71
Du manque	77
Des savoirs à l'oeuvre	87
De la génération des savoirs	101
Du risque	111
De la spécification	117
De l'amélioration	121
De la méthode	125
De la pratique	131
Synthèse de la méthode	133
Piloter les projets d'innovation	141
Activité de conception : Faire	145
Activité de conception : Imprégnation	149
Activité de conception : Dessein	153
Activité de conception : Portrait-robot	155
Activité de conception : Créativité	157

Activité de conception : Savoirs à l'oeuvre	161
Activité de conception : Génération des savoirs	165
Activité de conception : Spécification	167
Activité de conception : Amélioration	169
De la vigilance	173
Du client agile	175
Agile au marché	179
Agile pour changer le monde	183
Un processus de conception agile	187
Des concepteurs agiles	191
De l'incomplétude	195
Du collectif	199
De la valse à quatre temps	203
De la variété	209
De conclure	213
Exemple illustrant le temps 1 de la valse	219
Exemple illustrant le temps 4 de la valse	223
Table des matières	227

www.ingramcontent.com/pod-product-compliance
Lightning Source LLC
Chambersburg PA
CBHW021812170526
45157CB00007B/2563